Einstellungstest
Elektroniker / Elektronikerin

Kurt Guth
Marcus Mery

Einstellungstest Elektroniker / Elektronikerin

Fit für den Eignungstest im Auswahlverfahren

AUSBILDUNGS Park

Kurt Guth • Marcus Mery
Einstellungstest Elektroniker / Elektronikerin: Fit für den Eignungstest im Auswahlverfahren | Allgemeinwissen, Deutsch, Mathe, Logisches Denken, Konzentration und mehr | Über 800 Aufgaben mit allen Lösungswegen

Ausgabe 2026

2. Auflage

Gestaltung: bitpublishing / s.b. design
Lektorat: Andreas Mohr

Bildnachweis:
Archiv des Verlages
Umschlagfoto: © Andrey Popov – shutterstock.com

Bibliografische Information der Deutschen Nationalbibliothek –
Die Deutsche Nationalbibliothek verzeichnet diese Publikation in der Deutschen Nationalbibliografie; detaillierte bibliografische Daten sind im Internet über http://dnb.dnb.de abrufbar.

Gedruckt auf chlorfrei gebleichtem Papier

Bettinastraße 69, 63067 Offenbach am Main
Printed in Germany

Satz: bitpublishing, Schwalbach
Druck: mediaprint solutions, Paderborn

ISBN 978-3-95624-103-1

1613 – AP EEL – 5J20

Inhaltsverzeichnis

Vorwort

Moderne Gesellschaften sind abhängig von elektrischer Energie: Über 700.000 Gigawattstunden Strom werden allein in Deutschland pro Jahr verbraucht. Entsprechend hoch ist der Bedarf an Fachkräften, die elektrotechnische Geräte und Systeme planen, installieren und warten.

In der Elektroniker-Ausbildung gibt es je nach Fachgebiet verschiedene Spezialisierungen, etwa Betriebstechnik, Automatisierungstechnik oder Energie- und Gebäudetechnik. In der Industrie bekommt man es typischerweise mit größerem Gerät zu tun, im Handwerk sind die Dimensionen tendenziell eine Nummer kleiner: Hier kümmert man sich unter anderem um Gebäudetechnik, Haushaltsgeräte oder Kommunikationssysteme.

Was bringt Ihnen dieses Buch?

Mit diesem Buch haben Sie alles zur Hand, was Sie brauchen, um sich auf computergesteuerte und schriftliche Einstellungstests im Auswahlverfahren für Elektroniker vorzubereiten. Sie lernen klassische und ungewöhnliche Aufgabentypen kennen, erfahren die besten Lösungsstrategien und machen sich mit der Prüfungssituation vertraut.

Auf den folgenden Seiten finden Sie eine Fülle typischer Aufgaben aus allen wichtigen Testbereichen: Allgemeinbildung, fachbezogenes Wissen, Sprachbeherrschung, Mathematik, Logik, visuelles Denkvermögen, Konzentration und Merkfähigkeit. Der Lösungsteil am Schluss jedes Kapitels liefert nicht nur die richtigen Antworten, sondern erklärt auch die Lösungswege kompakt und verständlich. Dazu erhalten Sie Tipps und Tricks, um knifflige Aufgaben geschickt zu „knacken“.

Eine grobe Richtschnur zur Einordnung Ihrer Ergebnisse: 50–60 % richtig gelöste Aufgaben können als ausreichend gelten, 60–70 % als befriedigend, 70–85 % als gut und höhere Werte als hervorragend – erfahrungsgemäß schafft das allerdings kaum jemand.

Wir wünschen Ihnen viel Erfolg!

Ihr Ausbildungspark-Team

Kontakt

Ausbildungspark Verlag GmbH
Kundenbetreuung
Bettinastraße 69
63067 Offenbach am Main

Telefon +49 (69) 40 56 49 73
Telefax +49 (69) 43 05 86 02
kontakt@ausbildungspark.com
www.ausbildungspark.com

10 Tipps für den Testerfolg

▸ **1. Gut vorbereiten.**

Beginnen Sie rechtzeitig mit der Vorbereitung, portionieren Sie den Lernstoff in kleine Einheiten, planen Sie Pausenzeiten ein. Wer sich in den letzten Tagen vor dem Test zu viel zumutet, läuft Gefahr, das Gelernte weder zu verstehen noch zu behalten.

▸ **2. Informieren.**

Fragen Sie frühzeitig nach: Welche Hilfsmittel (z. B. Taschenrechner) dürfen Sie benutzen? Welche Materialien (z. B. Stift, Papier, Lineal) müssen Sie mitbringen, welche werden Ihnen gestellt?

▸ **3. Entspannungshilfen finden.**

Eignen Sie sich Entspannungstechniken an, zum Beispiel Atemübungen oder autogenes Training. Am Prüfungstag lassen sich Denkblockaden damit leichter überwinden.

▸ **4. Aufgeräumt ankommen.**

Erscheinen Sie ausgeschlafen und pünktlich, achten Sie auf Ihren äußeren Eindruck – die Prüfer tun es auch. Und vergessen Sie das Frühstück nicht: Wer mit nüchternem Magen in die Prüfung startet, baut schneller ab und ist weniger leistungsfähig.

▸ **5. Lieber einmal mehr fragen.**

Nutzen Sie die Möglichkeit, den Testleitern Fragen zu stellen, um Unklarheiten auszuräumen.

▸ **6. Aufgabenstellungen aufmerksam lesen.**

Studieren Sie die Fragen und Bearbeitungshinweise sorgfältig. Manchmal sind kleine Finten eingebaut, die den unkonzentrierten Teilnehmer entlarven.

▸ **7. Zügig arbeiten.**

Behalten Sie die Uhr im Auge und teilen Sie sich Ihre Zeit gut ein. Oft steigt das Schwierigkeitsniveau innerhalb einer Aufgabenkategorie zum Ende hin an. Eventuell hilft es, zuerst in jeder Kategorie die einfachen

Aufgaben zu lösen. Planen Sie etwas Zeit ein, um Ihre Antworten auf Flüchtigkeitsfehler und andere kleine Patzer zu kontrollieren.

- **8. Nicht verrückt machen lassen.**
  Der Test ist in der vorgegebenen Zeit beim besten Willen nicht zu schaffen? Dieser Eindruck kann völlig richtig sein. Viele Prüfungen sind so konzipiert, dass kaum jemand im vorgegebenen Zeitrahmen alle Aufgaben korrekt lösen kann. So wird zugleich das Arbeitsverhalten unter Druck getestet.

- **9. Nicht festbeißen.**
  Anstatt minutenlang an einer Aufgabe zu verzweifeln, gehen Sie lieber zur nächsten über. Mit den übersprungenen Fragen können Sie sich – angefangen bei der leichtesten – später noch beschäftigen. So manch kniffliger Fall entpuppt sich als leichte Übung, wenn die erste Anspannung überwunden ist.

- **10. Zur Not einfach raten.**
  Die schlechteste Antwort ist meistens keine Antwort: Falsche Lösungen werden nur selten mit Punktabzügen bestraft. Bei Multiple-Choice-Aufgaben mit mehreren Antwortvorschlägen lässt sich das richtige Ergebnis einkreisen, indem man die falschen Lösungen eine nach der anderen aussortiert.

Allgemeinwissen

Staat und Politik

Bearbeitungszeit 5 Minuten

Beantworten Sie bitte die folgenden Aufgaben, indem Sie jeweils den richtigen Lösungsbuchstaben markieren.

1) Wer wählt in Deutschland den Bundeskanzler?

A. Das Volk
B. Die Minister
C. Der Bundestag
D. Der Bundespräsident
E. Keine Antwort ist richtig.

2) Von wem wird der Bundestag gewählt?

A. Bundesrat
B. Volk
C. Bundesversammlung
D. Bundesminister
E. Keine Antwort ist richtig.

3) Was bedeutet „Fraktion" in der Politik?

A. Zusammenschluss von Abgeordneten
B. Dasselbe wie „Regierung"
C. Dasselbe wie „Opposition"
D. Die Mehrheit im Bundestag
E. Keine Antwort ist richtig.

4) Wie viele Jahre beträgt die Amtszeit des Bundeskanzlers?

A. 3
B. 4
C. 5
D. 6
E. Keine Antwort ist richtig.

5) Wer verabschiedet den Haushalt der Bundesrepublik Deutschland?

A. Bundesrat
B. Bundestag
C. Bundeskabinett
D. Finanzminister
E. Keine Antwort ist richtig.

6) Welches Land ist kein Mitglied der Europäischen Union?

A. Schweden
B. Rumänien
C. Portugal
D. Albanien
E. Keine Antwort ist richtig.

7) Zu welchem Staat gehört diese Flagge?

A. Nordkorea
B. Laos
C. Japan
D. Südkorea
E. Keine Antwort ist richtig.

8) Wo befindet sich der offizielle Sitz des Europäischen Parlaments?

A. Straßburg
B. Brüssel
C. Kopenhagen
D. Luxemburg
E. Keine Antwort ist richtig.

9) Was versteht man unter „Gewaltenteilung"?

A. Die Unabhängigkeit von Legislative, Exekutive und Judikative
B. Die Bundeshoheit des Militärs
C. Die Trennung von Politik und Kirche
D. Die Trennung von Demokraten und Republikanern
E. Keine Antwort ist richtig.

10) Wer war US-Präsident nach George Bush senior und vor George Bush junior?

A. Bill Clinton
B. Ronald Reagan
C. Al Gore
D. John McCain
E. Keine Antwort ist richtig.

Wirtschaft und Gesellschaft *Bearbeitungszeit 5 Minuten*

Beantworten Sie bitte die folgenden Aufgaben, indem Sie jeweils den richtigen Lösungsbuchstaben markieren.

11) Die Gesamtbevölkerung der Europäischen Union liegt bei …?

A. rund 225 Millionen.
B. rund 350 Millionen.
C. rund 450 Millionen.
D. rund 575 Millionen.
E. Keine Antwort ist richtig.

12) Was versteht man unter „Rezession"?

A. Einen wirtschaftlichen Aufschwung
B. Wirtschaftliche Stabilität
C. Einen Rückgang der Wirtschaftskraft
D. Steigende Gewinne
E. Keine Antwort ist richtig.

13) Wo hat die Deutsche Bundesbank ihren Sitz?

A. Karlsruhe
B. Berlin
C. Frankfurt
D. Düsseldorf
E. Keine Antwort ist richtig.

14) Welcher Begriff bezeichnet die Differenz von Soll und Haben?

A. Skonto
B. Saldo
C. Storno
D. Giro
E. Keine Antwort ist richtig.

15) Die Verfügbarkeit über genügend Zahlungsmittel in einem Unternehmen nennt man …?

A. Vermögen.
B. Kapital.
C. Geld.
D. Liquidität.
E. Keine Antwort ist richtig.

16) Beim EU-Grenzverkehr sind allgemeine Grenzkontrollen …?

A. an allen EU-Binnengrenzen obligatorisch.
B. an den meisten EU-Binnengrenzen abgeschafft.
C. vollständig abgeschafft.
D. nur in 10 EU-Mitgliedsstaaten abgeschafft.
E. nur in 7 EU-Mitgliedsstaaten abgeschafft.

17) Was versteht man unter dem Begriff „Baisse"?

A. Steigende Kurse an der Börse
B. Leicht fallende Kurse an der Börse
C. Stark fallende Kurse an der Börse
D. Konjunkturabschwung
E. Keine Antwort ist richtig.

18) Welche Aussage zum Kundendienst ist richtig?

A. Ein echter Kundendienst ist für den Kunden immer kostenlos.
B. Der Kundendienst ist dazu verpflichtet, alle technischen Geräte des Kunden zu reparieren.
C. Die Aufgabe des Kundendienstes besteht in erster Linie darin, dem Kunden weitere Artikel zu verkaufen, um den Umsatz zu erhöhen.
D. Der Kundendienst ist eine Zusatzleistung und dient sowohl dem Image des Unternehmens als auch der Kundenbindung.
E. Keine Antwort ist richtig.

19) Was versteht man im unternehmerischen Sinne unter „Liquidität"?

A. Die ständige Lieferbereitschaft eines Unternehmens
B. Das Auftragsvolumen eines Unternehmens
C. Die Liquidität eines Unternehmens lässt sich berechnen, indem man den Gewinn ins Verhältnis zum Kapital setzt.
D. Die Fähigkeit eines Unternehmens, seinen Zahlungsverpflichtungen termingerecht nachzukommen
E. Keine Antwort ist richtig.

20) Welche gehört nicht zu den Aufgaben der Europäischen Zentralbank?

A. Versorgung der Volkswirtschaft mit Geld
B. Festlegung des Goldpreises
C. Verwaltung der offiziellen Währungsreserven
D. Devisengeschäfte
E. Keine Antwort ist richtig.

Geschichte und Kultur

Bearbeitungszeit 5 Minuten

Beantworten Sie bitte die folgenden Aufgaben, indem Sie jeweils den richtigen Lösungsbuchstaben markieren.

21) Wann war der Zweite Weltkrieg in Europa?

A. 1940–1945
B. 1914–1918
C. 1939–1945
D. 1940–1946
E. Keine Antwort ist richtig.

22) Welches Ereignis steht am Ende der Weimarer Republik?

A. Die Machterlangung der Nationalsozialisten
B. Die deutsche Niederlage im Ersten Weltkrieg
C. Die Ausrufung der Republik
D. Der Friedensvertrag von Versailles
E. Keine Antwort ist richtig.

23) Wann wurde die deutsche Wiedervereinigung vollzogen?

A. 3. Oktober 1989
B. 11. September 1990
C. 3. Oktober 1990
D. 11. November 1989
E. Keine Antwort ist richtig.

24) Wie heißt in der antiken römischen Mythologie der Gott des Krieges?

A. Ares
B. Apollo
C. Mars
D. Merkur
E. Keine Antwort ist richtig.

25) Der Dreißigjährige Krieg endete mit ...?

A. dem Westfälischen Frieden.
B. dem Pakt von Windsor.
C. dem Vertrag von Versailles.
D. der Genfer Konvention.
E. Keine Antwort ist richtig.

26) In welchem Land kam es 1979 zur sogenannten „Islamischen Revolution"?

A. Pakistan
B. Saudi-Arabien
C. Iran
D. Thailand
E. Keine Antwort ist richtig.

27) Wann begann die Französische Revolution?

A. 1689
B. 1778
C. 1789
D. 1812
E. Keine Antwort ist richtig.

28) Wer erfand das Telefon?

A. James Clerk Maxwell
B. Hermann von Helmholtz
C. Alexander Graham Bell und Philipp Reis
D. Thomas Edison
E. Keine Antwort ist richtig.

29) Wie hieß der erste Satellit?

A. Kosmos
B. Sputnik
C. Apollo
D. IO
E. Keine Antwort ist richtig.

30) Welchen US-Präsidenten brachte die Watergate-Affäre zu Fall?

A. George Bush
B. Ronald Reagan
C. Dwight D. Eisenhower
D. Richard Nixon
E. Keine Antwort ist richtig.

Geografie und Landeskunde *Bearbeitungszeit 5 Minuten*

Beantworten Sie bitte die folgenden Aufgaben, indem Sie jeweils den richtigen Lösungsbuchstaben markieren.

31) Wie heißt die Landeshauptstadt von Bayern?

A. Nürnberg
B. Würzburg
C. Aschaffenburg
D. München
E. Keine Antwort ist richtig.

32) Wie viele Einwohner hat die Bundesrepublik Deutschland ungefähr?

A. Ca. 30 Mio.
B. Ca. 50 Mio.
C. Ca. 80 Mio.
D. Ca. 100 Mio.
E. Keine Antwort ist richtig.

33) Aus wie vielen Bundesländern besteht die Bundesrepublik Deutschland?

A. 12
B. 14
C. 15
D. 16
E. Keine Antwort ist richtig.

34) Welcher besonders lange Fluss fließt durch Dresden?

A. Donau
B. Elbe
C. Main
D. Rhein
E. Keine Antwort ist richtig.

35) Die dunkelgraue Fläche ist das Staatsgebiet ...?

A. von Laos.
B. Kambodschas.
C. Vietnams.
D. Thailands.
E. Keine Antwort ist richtig.

36) In welchem Ozean liegt Japan?

A. Atlantischer Ozean
B. Indischer Ozean
C. Pazifischer Ozean
D. Südpolarmeer
E. Keine Antwort ist richtig.

37) Welches Land grenzt nicht ans Schwarze Meer?

A. Rumänien
B. Griechenland
C. Bulgarien
D. Türkei
E. Keine Antwort ist richtig.

38) Wie heißt die Hauptstadt Australiens?

A. Canberra
B. Sydney
C. Melbourne
D. Perth
E. Keine Antwort ist richtig.

39) Wo liegt der Vesuv?

A. Italien
B. Portugal
C. Venezuela
D. Indien
E. Keine Antwort ist richtig.

40) Wo befindet sich das Rote Meer?

A. Südafrika
B. Indien
C. Zwischen Afrika und Asien
D. Südamerika
E. Keine Antwort ist richtig.

Mathematik

Bearbeitungszeit 5 Minuten

Beantworten Sie bitte die folgenden Aufgaben, indem Sie jeweils den richtigen Lösungsbuchstaben markieren.

41) Welches Element ist kein Bestandteil einer Division?

A. Quotient
B. Dividend
C. Subtrahend
D. Divisor
E. Keine Antwort ist richtig.

42) Wie schreibt man „ein Viertel" als Prozentzahl?

A. 15 %
B. 20 %
C. 25 %
D. 30 %
E. Keine Antwort ist richtig.

43) Wie teilt man zwei Brüche?

A. Indem man Nenner durch Nenner und Zähler durch Zähler teilt
B. Indem man Nenner mit Nenner multipliziert und Zähler durch Zähler teilt
C. Indem man Nenner durch Nenner teilt und Zähler mit Zähler multipliziert
D. Indem man mit dem Kehrwert multipliziert
E. Keine Antwort ist richtig.

44) Natürliche Zahlen größer 1, die nur durch sich selbst und die Zahl 1 ohne Rest teilbar sind, nennt man ...?

A. ungerade Zahlen.
B. Primzahlen.
C. Dezimalzahlen.
D. ganze Zahlen.
E. Keine Antwort ist richtig.

45) Eine natürliche Zahl ist durch 3 teilbar, ...?

A. wenn sie mit einer geraden Ziffer endet.
B. wenn sie mit der Ziffer 3 endet.
C. wenn sie mit einer ungeraden Zahl endet.
D. wenn ihre Quersumme durch 3 teilbar ist.
E. Keine Antwort ist richtig.

46) Wie lautet die 3. Binomische Formel?

A. $(a + b)^2 = a^2 + 2ab + b^2$
B. $(a - b)^2 = a^2 - 2ab + b^2$
C. $(a + b) \times (a - b) = a^2 - b^2$
D. $a^2 + b^2 = c^2$
E. Keine Antwort ist richtig.

47) Wie lautet der Satz des Pythagoras?

A. $(a + b)^2$
B. $(a - b)^2$
C. $a^2 - b^2$
D. $a^2 + b^2 = c^2$
E. Keine Antwort ist richtig.

48) Der Exponent einer Zahl beziffert, wie oft diese ...?

A. mit sich selbst addiert wird.
B. mit sich selbst multipliziert wird.
C. durch sich selbst geteilt wird.
D. mit einer dritten Zahl addiert wird.
E. Keine Antwort ist richtig.

49) Welcher Gegenstand hat die Form eines Kegels?

A. Konservendose
B. Bowlingkugel
C. Pyramide
D. Eiswaffel
E. Keine Antwort ist richtig.

50) Eine Gerade, die einen Kreis in einem einzigen Punkt berührt, nennt man ...?

A. Sekante.
B. Parallele.
C. Kathete.
D. Tangente.
E. Keine Antwort ist richtig.

Biologie und Chemie

Bearbeitungszeit 5 Minuten

Beantworten Sie bitte die folgenden Aufgaben, indem Sie jeweils den richtigen Lösungsbuchstaben markieren.

51) Woraus wird Benzin gewonnen?

A. Ethanol
B. Gas
C. Mineralien
D. Erdöl
E. Keine Antwort ist richtig.

52) Welches Metall ist bei Zimmertemperatur flüssig?

A. Kupfer
B. Blei
C. Quecksilber
D. Zink
E. Keine Antwort ist richtig.

53) Charles Darwin erkannte zwei wesentliche Triebkräfte der Evolution in den Mechanismen der Variation und …?

A. pathologischen Kollektion.
B. organischen Modulation.
C. natürlichen Selektion.
D. künstlichen Rezession.
E. Keine Antwort ist richtig.

54) Wie heißt der chemische Prozess, bei dem Eisen rostet?

A. Kondensation
B. Oxidation
C. Elektrolyse
D. Homogenisierung
E. Keine Antwort ist richtig.

55) Welches Metall schmilzt als erstes?

A. Gold
B. Blei
C. Eisen
D. Silber
E. Keine Antwort ist richtig.

56) Wofür sind die weißen Blutkörperchen zuständig?

A. Sauerstofftransport im Blut
B. Abwehr von Krankheitserregern
C. Schnelle Blutgerinnung
D. Transport von Nährstoffen
E. Keine Antwort ist richtig.

57) Womit kann man den pH-Wert eines Stoffes ermitteln?

A. Mit einem Intrigator
B. Mit einem Filtrator
C. Mit einem Indignator
D. Mit einem Indikator
E. Keine Antwort ist richtig.

58) Was geschieht, wenn ein Vogel in der Mauser ist?

A. Er ist in der Paarungszeit.
B. Er erneuert sein Federkleid.
C. Er hält einen (sehr kurzen) Winterschlaf.
D. Er stellt seine Ernährung für eine kurze Zeitspanne um.
E. Keine Antwort ist richtig.

59) Welche Tiere besitzen Facettenaugen?

A. Insekten
B. Fische
C. Reptilien
D. Amphibien
E. Keine Antwort ist richtig.

60) Welcher Farbstoff färbt Pflanzenblätter grün?

A. Chlorozyt
B. Chloroform
C. Chitin
D. Chlorophyll
E. Keine Antwort ist richtig.

Physik und Technik

Bearbeitungszeit 5 Minuten

Beantworten Sie bitte die folgenden Aufgaben, indem Sie jeweils den richtigen Lösungsbuchstaben markieren.

61) Wie nennt man die Pole eines Magneten?

A. Kathode und Anode
B. Dipol
C. Plus- und Minuspol
D. Nord- und Südpol
E. Keine Antwort ist richtig.

62) Bei welcher Temperatur liegt der absolute Nullpunkt?

A. Bei etwa 0 Grad Celsius
B. Bei etwa minus 100 Grad Celsius
C. Bei etwa minus 273 Grad Celsius
D. Bei etwa minus 299 Grad Celsius
E. Keine Antwort ist richtig.

63) Was geschieht, wenn der Stiel eines Hammers verlängert wird?

A. Man kann präziser schlagen.
B. Man kann besonders sanft schlagen.
C. Die Schlagkraft steigt.
D. Die Schwingung des Schlags wird besser gedämpft.
E. Keine Antwort ist richtig.

64) Welche Maßeinheit dient nicht zum Messen von Temperaturen?

A. Fahrenheit
B. Kelvin
C. Celsius
D. Tesla
E. Keine Antwort ist richtig.

65) Welche Geschwindigkeit hat das Licht?

A. 300.000 km/h
B. 300.000 km/s
C. 300.000 m/h
D. 300.000 m/s
E. Keine Antwort ist richtig.

66) Wenn ein Körper nicht beschleunigt wird, dann ...?

A. bewegt er sich mit Sicherheit nicht.
B. verliert er mit Sicherheit an Energie.
C. behält er seine Geschwindigkeit mit Sicherheit bei.
D. besitzt er mit Sicherheit keine Masse.
E. Keine Antwort ist richtig.

67) Welche Aussage zum Schall ist falsch?

A. Schall wird in Dezibel gemessen.

B. Schall kann als physikalischer Vorgang von Schwingungen gedeutet werden.

C. Schall pflanzt sich langsamer fort als Licht.

D. Schall ist bei kaltem Wetter schneller als bei warmem.

E. Keine Antwort ist richtig.

68) Man kann die Tischdecke eines gedeckten Tisches so abziehen, dass Gläser und Geschirr vollkommen ruhig stehen bleiben – vorausgesetzt, man zieht schnell genug. Was ist dafür verantwortlich?

A. Die hohe Reibung von Tischdecke, Geschirr und Gläsern

B. Der große Luftwiderstand

C. Die Trägheit von Geschirr und Gläsern

D. Die elektrische Ladung von Tisch, Gläsern und Geschirr

E. Keine Antwort ist richtig.

69) Wie hoch ist der Anteil der zugeführten Energie, die nicht energiesparende Glühlampen in sichtbares Licht umsetzen?

A. Etwa 5 Prozent

B. Etwa 10 Prozent

C. Etwa 20 Prozent

D. Etwa 50 Prozent

E. Keine Antwort ist richtig.

70) Bei einer Wanderung in den Bergen macht Herr Nessler erschöpft halt: Der breite Wanderweg führt schnurgerade einen steilen Anstieg hinauf. Wäre es leichter, die gesamte Breite des Wegs auszunutzen und im Zickzack nach oben zu gehen? Physikalisch gesehen jedenfalls, …

A. spart Herr Nessler dadurch weder Energie noch Kraft.

B. spart Herr Nessler dadurch Energie, aber keine Kraft.

C. spart Herr Nessler dadurch Kraft, aber keine Energie.

D. spart Herr Nessler dadurch Kraft und Energie.

E. Keine Antwort ist richtig.

IT-Kenntnisse

Bearbeitungszeit 5 Minuten

Beantworten Sie bitte die folgenden Aufgaben, indem Sie jeweils den richtigen Lösungsbuchstaben markieren.

71) Aus wie vielen Bits besteht ein Byte?

A. 6
B. 7
C. 8
D. 9
E. Keine Antwort ist richtig.

72) Was ist ein LAN?

A. Ein Rechnernetz
B. Ein Internetprotokoll
C. Ein Glasfaserkabel
D. Ein Kupferkabel mit Texasstecker
E. Keine Antwort ist richtig.

73) Welche Funktion hat der Hauptprozessor eines Computers?

A. Der Prozessor ist ein Datenspeicher.
B. Der Prozessor ist das Herzstück eines Computers und steuert die Bestandteile.
C. Der Prozessor ist ein Gerät zur Unterstützung der Stromversorgung.
D. Der Prozessor fährt den Computer hoch.
E. Keine Antwort ist richtig.

74) Auf welchem Speichermedium werden in der Regel Programme installiert?

A. Flashspeicher
B. CD-ROM
C. Festplatte
D. USB-Stick
E. Keine Antwort ist richtig.

75) Welche Aussage zur Firewall ist richtig?

A. Eine Firewall ist ein Programm, das Schutz vor unberechtigtem Zugriff aus dem Internet bietet.
B. Eine Firewall kann nur zwischen zwei WAN-Netzwerken („Wide Area Networks") geschaltet werden.
C. Eine Firewall muss zwischen ein LAN- („Local Area Network") und ein WAN-Netzwerk („Wide Area Network") geschaltet werden.
D. Eine Firewall kann nur zwischen zwei LAN-Netzwerken („Local Area Networks") geschaltet werden.
E. Keine Antwort ist richtig.

76) Wie heißt der Arbeitsspeicher eines Computers?

A. Festspeicher
B. ROM (Read Only Memory)
C. RAM (Random Access Memory)
D. Lesespeicher
E. Keine Antwort ist richtig.

77) Welcher der folgenden Begriffe steht für eine Computersprache?

A. TCP/IP
B. LAN
C. BASIC
D. CBT
E. Keine Antwort ist richtig.

78) Wobei handelt es sich um ein Peripheriegerät?

A. Soundkarte
B. Grafikkarte
C. Drucker
D. Firewire
E. Keine Antwort ist richtig.

79) Worauf bezieht sich in der IT-Sprache die Angabe „3 GHz"?

A. Bildschirmauflösung der Grafikkarte
B. Speicherkapazität der Festplatte
C. Geschwindigkeit des Prozessors
D. Kapazität des Hauptspeichers
E. Keine Antwort ist richtig.

80) Was ist JavaScript?

A. Eine Skriptsprache zur Internetnutzung in Web-Browsern
B. Eine Tabellenkalkulationssoftware
C. Ein Textverarbeitungsprogramm
D. Ein Script zur Automatisierung in Photoshop
E. Keine Antwort ist richtig.

Abkürzungen

Bearbeitungszeit 5 Minuten

Beantworten Sie bitte die folgenden Aufgaben, indem Sie jeweils den richtigen Lösungsbuchstaben markieren.

81) Was bedeutet die Abkürzung „MwSt."?

A. Mineralwasser Still
B. Mehrwertsteuer
C. Medienwirksamer Showtermin
D. Mitwisserschaft
E. Keine Antwort ist richtig.

82) Was bedeutet die Abkürzung „BND"?

A. Bundestagsnachtdebatte
B. Bayrischer Notdienst
C. Bundesnachrichtendienst
D. Bündnis der Nudisten in Deutschland
E. Keine Antwort ist richtig.

83) Wofür steht die Abkürzung „IHK"?

A. Internationale Handelskommission
B. Industrie- und Handelsabkommen
C. Internationale Handelskammer
D. Industrie- und Handelskammer
E. Keine Antwort ist richtig.

84) Was bedeutet die Abkürzung „ggf."?

A. gut, günstig, fair
B. gegebenenfalls
C. gemeingefährlich
D. geht ganz fix
E. Keine Antwort ist richtig.

85) Was bedeutet die Abkürzung „zzgl."?

A. zeitgleich
B. zuzüglich
C. zügellos
D. zentral geleitet
E. Keine Antwort ist richtig.

86) Was bedeutet die Abkürzung „TÜV"?

A. Türkischer Volksbund
B. Technischer Überwachungs-Verein
C. Technischer Übermittlungs-Verband
D. Thüringer Verein
E. Keine Antwort ist richtig.

87) Die Abkürzung „StVO" bedeutet ...?

A. Straßenverkehrs-Ordnung.
B. stellvertretender Oberbürgermeister.
C. ständiges Verfassungsorgan.
D. Stadtverordnung.
E. Keine Antwort ist richtig.

88) Wofür steht das Kürzel „gez." in Geschäftsbriefen?

A. gezählt
B. gezogen
C. gezahlt
D. gezeichnet
E. Keine Antwort ist richtig.

89) Was bedeutet die Abkürzung „PVC"?

A. Polyvalente Chemie
B. Propylenvitrocarbonat
C. Phosphorversetztes Chrom
D. Polyvinylchlorid
E. Keine Antwort ist richtig.

90) Wofür steht die Abkürzung „DIN"?

A. Deutsches Institut für Normung
B. Deutsche Industrie für Normung
C. Deutsche Industrienorm
D. Deutscher Index für Normung
E. Keine Antwort ist richtig.

Lösungen: Allgemeinwissen

1) C	31) D	61) D
2) B	32) C	62) C
3) A	33) D	63) C
4) B	34) B	64) D
5) B	35) C	65) B
6) D	36) C	66) C
7) D	37) B	67) D
8) A	38) A	68) C
9) A	39) A	69) A
10) A	40) C	70) C
11) C	41) C	71) C
12) C	42) C	72) A
13) C	43) D	73) B
14) B	44) B	74) C
15) D	45) D	75) A
16) B	46) C	76) C
17) C	47) D	77) C
18) D	48) B	78) C
19) D	49) D	79) C
20) B	50) D	80) A
21) C	51) D	81) B
22) A	52) C	82) C
23) C	53) C	83) D
24) C	54) B	84) B
25) A	55) B	85) B
26) C	56) B	86) B
27) C	57) D	87) A
28) C	58) B	88) D
29) B	59) A	89) D
30) D	60) D	90) A

Staat und Politik (Aufgaben 1–10)

Zu 1) C. Der Bundestag

Der Bundeskanzler wird bei der Erstwahl vom Bundespräsidenten vorgeschlagen, vom Bundestag gewählt und danach vom Bundespräsidenten zum Bundeskanzler ernannt.

Zu 2) B. Volk

Der Deutsche Bundestag, das Parlament der Bundesrepublik Deutschland mit Sitz in Berlin, wird als einziges Verfassungsorgan des Bundes direkt durch das Volk gewählt und legitimiert. Die Hälfte der Parlamentssitze besetzen die erfolgreichen Kandidaten aus der Direktwahl in den 299 Wahlkreisen („Direktmandate"). Die andere Hälfte wird so verteilt, wie es dem Anteil einer Partei an der Gesamtzahl der Sitze entspricht, unter Anrechnung der Direktmandate aus den Landeslisten.

Zu 3) A. Zusammenschluss von Abgeordneten

„Fraktion" nennt man einen freiwilligen Zusammenschluss von Abgeordneten zur Durchsetzung ihrer politischen Interessen und Ziele in einem Parlament. In der Regel bildet jede Partei eine Fraktion.

Zu 4) B. 4

Eine reguläre Amtsperiode des Bundeskanzlers dauert vier Jahre, anschließend ist eine Wiederwahl möglich. Der Kanzler kann jedoch auch vorzeitig abgewählt werden – durch ein Misstrauensvotum der Bundestags-Mehrheit.

Zu 5) B. Bundestag

Der Finanzminister legt jährlich einen Haushaltsentwurf vor, den der Bundestag ohne Zustimmung des Bundesrates beschließt. Die Debatte über den Haushalt ist traditionell eine Generaldebatte zur Regierungspolitik: Die Opposition kritisiert Mängel und Fehler der Bundesregierung, diese verteidigt sich ihrerseits mit Angriffen auf die Opposition.

Zu 6) D. Albanien

Albanien ist kein Mitglied der Europäischen Union, die aktuell (Stand 2025) folgende 27 Staaten umfasst: Belgien, Bulgarien, Dänemark, Deutschland, Estland, Finnland, Frankreich, Griechenland, Irland, Italien, Kroatien, Lettland, Litauen, Luxemburg, Malta, Niederlande, Österreich, Polen, Portugal, Rumänien, Schweden, Slowakei, Slowenien, Spanien, Tschechien, Ungarn und die Republik Zypern.

Zu 7) D. Südkorea

Die Abbildung zeigt die Nationalflagge Südkoreas. Der weiße Grund steht für Reinheit und Friedfertigkeit. Der Kreis mit den ineinander ragenden Hälften – eine rot, eine blau – ist ein Symbol der „Eum und Yang"-Philosophie und steht für das Universum mit all seinen Gegensätzen. Die vier schwarzen Trigramme verkörpern unter anderem die Elemente Himmel, Wasser, Feuer und Erde.

Zu 8) A. Straßburg

Das Europäische Parlament ist das Parlament der Europäischen Union mit Sitz in Straßburg. Seit 1979 wird es alle fünf Jahre in allgemeinen, freien und geheimen Wahlen gewählt. Als weltweit einzige direkt gewählte supranationale Institution repräsentiert das Parlament rund 500 Millionen EU-Staatsbürger und wird auch als „Bürgerkammer der EU" bezeichnet. Seit der Parlamentsgründung 1952 wurden seine Kompetenzen mehrmals stark ausgeweitet, insbesondere durch die Verträge von Maastricht (1992) und Nizza (2001). Im Vergleich mit den nationalen Parlamenten hat es allerdings noch immer relativ wenige Rechte.

Zu 9) A. Die Unabhängigkeit von Legislative, Exekutive und Judikative

„Gewaltenteilung" bezeichnet das Prinzip, die Staatsgewalt auf mehrere Staatsorgane zu verteilen, um ihre Macht zu begrenzen und dadurch Freiheit und Gerechtigkeit zu sichern. Man unterscheidet drei Gewalten: die Gesetzgebung (Legislative), die ausführende Gewalt (Exekutive) und die Rechtsprechung (Judikative).

Zu 10) A. Bill Clinton

Zwischen den Amtszeiten von George Bush senior (1989–1993) und George Bush junior (2001–2009) regierte Bill Clinton.

Wirtschaft und Gesellschaft (Aufgaben 11–20)

Zu 11) C. rund 450 Millionen.

In den Mitgliedsstaaten der Europäischen Union leben insgesamt rund 450 Millionen Menschen.

Zu 12) C. Einen Rückgang der Wirtschaftskraft

„Rezession" steht für einen wirtschaftlichen Abschwung, eine anhaltende konjunkturelle Schwäche. Kennzeichen von Rezessionsphasen sind: pessimistische wirtschaftliche

Erwartungen, fallende Börsenkurse, eine schrumpfende Nachfrage, überfüllte Lager, ein Überstundenabbau, beginnende Kurzarbeit, ausbleibende Investitionen, eine teilweise Stilllegung von Produktionsanlagen sowie stagnierende oder sinkende Preise, Löhne und Zinsen. Nach herrschender Auffassung besteht eine Rezession, wenn die Wirtschaftsleistung in zwei aufeinanderfolgenden Quartalen im Vergleich zum Vorjahr stagniert oder schrumpft und somit ein gleichbleibendes oder sinkendes Bruttoinlandsprodukt zu erwarten ist.

Zu 13) C. Frankfurt

Die Deutsche Bundesbank ist die Zentralbank der Bundesrepublik. Sie hat ihren Sitz in Frankfurt am Main und ist Teil des europäischen Systems der Zentralbanken. Nachdem 1999 die Währungshoheit auf die Europäische Zentralbank überging, haben sich ihre Aufgabenbereiche wesentlich verkleinert.

Zu 14) B. Saldo

Die Differenz von Soll und Haben heißt Saldo. Ein Skonto ist ein Preisnachlass, den ein Käufer erhält, wenn er den Rechnungsbetrag innerhalb einer bestimmten Frist zahlt. „Storno“ steht für das Rückgängigmachen einer Kontobuchung oder die Rückabwicklung eines Vertrags. Den Ausdruck „Giro“ kennt man unter anderem vom Girokonto – einem Konto, über das der (bargeldlose) Zahlungsverkehr abgewickelt wird.

Zu 15) D. Liquidität.

Verfügt ein Unternehmen über ausreichende Zahlungsmittel, um seine Verbindlichkeiten zu begleichen, bezeichnet man es als „liquide“. Unterschieden wird zwischen der Barliquidität (Vermögen, das unmittelbar zur Zahlung eingesetzt werden kann), der einzugsbedingten Liquidität (Vermögen, das nicht unmittelbar zur Zahlung eingesetzt werden kann, aber eine kurzfristige Umwandlung ermöglicht wie diskontierbare Wechsel) sowie der umsatzbedingten Liquidität (Vermögen, das erst in Barmittel umgesetzt werden muss, z. B. Produkte und Wirtschaftsgüter).

Zu 16) B. an den meisten EU-Binnengrenzen abgeschafft.

Im Grenzverkehr zwischen den Staaten, die das Schengener Abkommen vollständig umsetzen, finden planmäßig keine allgemeinen Personenkontrollen mehr statt. In Ausnahmesituationen – wie z. B. während der Flüchtlingskrise 2015/16 – können die Kontrollen jedoch vorübergehend wieder aufgenommen werden.

Der Schengen-Raum umfasst derzeit (Stand 2025) 29 europäische Länder: 25 davon Mitgliedsländer der EU, zusätzlich Island, Liechtenstein, Norwegen und die Schweiz. Die EU-Staaten Bulgarien, Rumänien und Zypern wollen das Abkommen noch unterzeichnen, Irland ist nicht beigetreten.

Zu 17) C. Stark fallende Kurse an der Börse

„Baisse" oder auch „Bärenmarkt" (engl. „Bear-Market") steht an der Börse für sinkende Kurse, „Bullenmarkt" oder „Hausse" für steigende Kurse. Sowohl Hausse als auch Baisse können durch fundamentale ökonomische Umwälzungen, insbesondere die Konjunkturzyklen, aber auch durch Spekulation bedingt sein. Ein übermäßiger Bullenmarkt kann durch übertriebene Ertragserwartungen zu einer Spekulationsblase führen. Auf der anderen Seite führt eine übertriebene Baisse mit fallenden Erwartungen der Anleger zu einem Börsencrash.

Zu 18) D. Der Kundendienst ist eine Zusatzleistung und dient sowohl dem Image des Unternehmens als auch der Kundenbindung.

Unter Kundendienst, Kundenservice oder einfach nur Service versteht man Zusatzleistungen, die über die ohnehin erbrachten Hauptleistungen hinausgehen und dem Image des Unternehmens sowie der Kundenbindung dienen. Solche Zusatzleistungen können aus Dienstleistungen (u. a. Montagehilfen, Frei-Haus-Lieferung), Rechten (Umtauschrecht, Parkplatznutzung) oder Warenzugaben (z. B. Proben) bestehen.

Zu 19) D. Die Fähigkeit eines Unternehmens, seinen Zahlungsverpflichtungen termingerecht nachzukommen

Verfügt ein Unternehmen über ausreichende Zahlungsmittel, um seine Verbindlichkeiten zu begleichen, bezeichnet man es als „liquide". Unterschieden wird zwischen der Barliquidität (Vermögen, das unmittelbar zur Zahlung eingesetzt werden kann), der einzugsbedingten Liquidität (Vermögen, das nicht unmittelbar zur Zahlung eingesetzt werden kann, aber eine kurzfristige Umwandlung ermöglicht wie diskontierbare Wechsel) sowie der umsatzbedingten Liquidität (Vermögen, das erst in Barmittel umgesetzt werden muss, z. B. Produkte und Wirtschaftsgüter).

Zu 20) B. Festlegung des Goldpreises

Die Hauptaufgaben der Europäischen Zentralbank bestehen darin, die

Geldpolitik festzulegen und umzusetzen, Devisengeschäfte zu tätigen, die offiziellen Währungsreserven der Mitgliedsstaaten zu verwalten und die Volkswirtschaft mit Geld zu versorgen, um einen reibungslosen Zahlungsverkehr zu gewährleisten. Der Goldpreis bildet sich im Zusammenspiel von Angebot und Nachfrage.

Geschichte und Kultur (Aufgaben 21–30)

Zu 21) C. 1939–1945

Auslöser des Zweiten Weltkriegs war der Angriff des Deutschen Reiches auf Polen am 1. September 1939 ohne vorherige Kriegserklärung. Großbritannien und Frankreich antworteten mit Kriegserklärungen an das Deutsche Reich. Der Zweite Weltkrieg forderte 55 bis 60 Millionen Menschenleben und endete mit den vollständigen Kapitulationen Deutschlands (8. Mai 1945) und Japans (2. September 1945).

Zu 22) A. Die Machterlangung der Nationalsozialisten

Wirtschaftliche und politische Krisen hatten die Weimarer Republik schon zu Beginn der 1930er-Jahre geschwächt. Das faktische Ende der parlamentarischen Demokratie war im Januar 1933 besiegelt, als Adolf Hitler zum Reichskanzler ernannt wurde und die Nationalsozialisten die Macht erlangten.

Zu 23) C. 3. Oktober 1990

Am 3. Oktober 1990 trat die DDR dem Geltungsbereich des Grundgesetzes der Bundesrepublik Deutschland bei. Wie im Einigungsvertrag festgelegt wurde, gilt der 3. Oktober („Tag der Deutschen Einheit“) seitdem als offizieller Nationalfeiertag.

Zu 24) C. Mars

In der römischen Mythologie ist Merkur der Götterbote und Apollo der Gott der Poesie und des Lichts. Der Gott des Krieges und der Schlachten heißt bei den alten Römern Mars, bei den antiken Griechen Ares.

Zu 25) A. dem Westfälischen Frieden.

Der Dreißigjährige Krieg brach 1618 mit dem Aufstand der böhmischen Stände gegen die Herrschaft der Habsburger aus. Im Verlauf des Kriegs griffen alle Großmächte Europas auf den mitteleuropäischen Kriegsschauplätzen ein, mit verheerenden Folgen für die Bevölkerung. Nach fünfjährigen Verhandlungen der involvierten Parteien konnten 1648 in Münster und Osnabrück die endgültigen Friedensverträge beschlossen werden. Sie führten zu einer politischen und territorialen Neuordnung Europas.

Zu 26) C. Iran

Aus ersten Demonstrationen und Streiks erwuchs im Iran 1978 eine revolutionäre Massenbewegung, maßgeblich beeinflusst von der im Exil lebenden Symbolfigur Ayatollah Chomeini. Der Regent Schah Mohammad Reza Pahlavi wurde gestürzt, und mit ihm die Monarchie. Im Februar 1979 kehrte Chomeini in den Iran zurück. Seine Anhänger schalteten die Vertreter der übrigen Oppositionsbewegungen aus, es kam zu zahlreichen Verhaftungen und Hinrichtungen. Die damals ausgerufene Islamische Republik Iran ist eine theokratische Staatsform mit einem „Obersten Rechtsgelehrten" an der Spitze, der Legislative, Exekutive und Judikative kontrolliert und von einem „Expertenrat" auf Lebenszeit gewählt wird.

Zu 27) C. 1789

Die Französische Revolution zählt zu den einschneidendsten Ereignissen der europäischen Geschichte. Sie bewirkte tiefgreifende soziale und politische Veränderungen und prägte das neuzeitliche Demokratieverständnis. Ausgelöst 1789 durch soziale Unruhen, zogen bis zum Jahr 1799 mehrere revolutionäre Wellen durch Frankreich.

In der ersten Revolutionsphase kämpften verschiedene gesellschaftliche Gruppen vor allem für bürgerliche Freiheitsrechte. Die absolutistische Alleinherrschaft des Königs wurde durch eine gemäßigte konstitutionelle Monarchie abgelöst. Als Reaktion darauf formierten sich gegenrevolutionäre Kräfte im In- und Ausland, und die Revolution trat in ihre zweite Phase ein: Eine Revolutionsregierung riss 1792 die Macht an sich, schuf eine Republik mit radikaldemokratischen Zügen und übte eine Schreckensherrschaft aus mit dem Ziel, alle „Feinde der Revolution" zu vernichten. In der dritten Phase (ab 1795) wurde Frankreich von einem fünfköpfigen Direktorium regiert, das besitzbürgerliche Interessen gegen sozialistische und monarchistische Strömungen verteidigte.

Zu 28) C. Alexander Graham Bell und Philipp Reis

Strenggenommen begann die Geschichte des Telefons bereits 1837: Damals konstruierte der US-Amerikaner Samuel Morse den Morsetelegrafen und schuf so die Grundlagen der Signalübermittlung durch elektrische Leitungen. 1854 veröffentlichte Charles Bourseul einen Artikel über mögliche Techniken der elektrischen Sprachübertragung; praxistaugliche Entwicklungen von Tivadar Puskás, Antonio Meucci, Philipp Reis, Elisha Gray und Alexander Graham Bell folgten. Doch nur Bell war imstande, das Telefon über Versuchsstadien hinaus als Gesamtsystem zur Marktreife zu entwickeln. 1876 brachte er seinen Apparat in Boston erstmals zur praktischen Anwendung.

Zu 29) B. Sputnik

„Sputnik 1" war der erste künstliche Erdsatellit. Mit seinem Start in die Erdumlaufbahn begann am 4. Oktober 1957 die Ära der Weltraumfahrt und der Wettlauf ins All zwischen den USA und der UdSSR.

Zu 30) D. Richard Nixon

1972 wurden mehrere Männer bei dem Versuch ertappt, in die Zentrale der Demokratischen Partei im Washingtoner Watergate-Gebäudekomplex einzudringen und dort Abhörinstrumente zu installieren. Schon bald führten Spuren zu den Drahtziehern im engsten Umfeld des republikanischen Präsidenten Richard Nixon. Im weiteren Verlauf der Ermittlungen wurden weitere gravierende Fälle von Amtsmissbrauch durch die Regierung aufgedeckt. Am 9. August 1974 trat Nixon schließlich zurück.

Geografie und Landeskunde (Aufgaben 31–40)

Zu 31) D. München

München ist die bevölkerungsreichste Stadt (1,4 Millionen Einwohner) und Landeshauptstadt des Freistaats Bayern. Die Metropole ist eines der wichtigsten Wirtschafts-, Verkehrs- und Kulturzentren der Bundesrepublik und wurde 1158 erstmals urkundlich erwähnt. Auch abseits von Oktoberfest und Fußballspielen lassen sich in München viele Sehenswürdigkeiten besichtigen, z. B. der Englische Garten am Westufer der Isar, der Olympiapark, das Neue Rathaus oder verschiedene Galerien.

Zu 32) C. Ca. 80 Mio.

Die Bundesrepublik Deutschland hat rund 80 Millionen Einwohner.

Zu 33) D. 16

Die Bundesrepublik Deutschland besteht aus 16 Bundesländern. In alphabetischer Folge: Baden-Württemberg, Bayern, Berlin, Brandenburg, Bremen, Hamburg, Hessen, Mecklenburg-Vorpommern, Niedersachsen, Nordrhein-Westfalen, Rheinland-Pfalz, Saarland, Sachsen, Sachsen-Anhalt, Schleswig-Holstein, Thüringen.

Zu 34) B. Elbe

Die Elbe entspringt in Tschechien, fließt durch Deutschland und mündet in die Nordsee. An weiteren Großstädten durchfließt sie Magdeburg und Hamburg.

Zu 35) C. Vietnams.

Die Sozialistische Republik Vietnam ist ein Küstenstaat in Südostasien mit über 95 Millionen Einwohnern. Er grenzt an die Länder Kambodscha, Laos und China, ans Südchinesische Meer und an den Golf von Thailand.

Zu 36) C. Pazifischer Ozean

Japan, der viertgrößte Inselstaat der Welt, liegt im Pazifik vor den Ostküsten Russlands und Koreas. Japan ist eine Inselkette aus vier Hauptinseln und etwa 4.000 kleineren Inseln. Die Hauptstadt Tokio liegt auf der größten Insel Honshu.

Zu 37) B. Griechenland

Griechenland liegt am Mittelmeer.

Zu 38) A. Canberra

Canberra ist seit 1927 die Hauptstadt Australiens und heute mit rund 400.000 Einwohnern die achtgrößte Stadt des Landes. Die Errichtung der Planhauptstadt im australischen Südosten wurde 1908 als Kompromisslösung beschlossen, um die Rivalität der Metropolen Sydney und Melbourne zu umgehen.

Zu 39) A. Italien

Der Vesuv liegt in Italien bei Neapel und zählt zu den berühmtesten Vulkanen der Welt. Er ist der einzige aktive Vulkan auf dem europäischen Festland, befindet sich seit dem letzten Ausbruch 1944 aber in einer Ruhephase, die mehrere hundert Jahre dauern kann.

Zu 40) C. Zwischen Afrika und Asien

Das Rote Meer befindet sich zwischen Nordost-Afrika und der zu Asien gehörigen Arabischen Halbinsel. Es ist durch eine Meerenge im Süden mit dem Indischen Ozean verbunden und über den Sueskanal mit dem Mittelmeer.

Mathematik (Aufgaben 41–50)

Zu 41) C. Subtrahend

Bei einer Division teilt man einen Dividenden durch einen Divisor, das Ergebnis heißt Quotient: Dividend ÷ Divisor = Quotient. Ein Subtrahend ist dagegen Element einer Subtraktion: Minuend – Subtrahend = Differenz.

Zu 42) C. 25 %

Prozentangaben drücken Mengenverhältnisse aus und erfüllen die gleiche Funktion wie die Formulierungen „zur Hälfte" oder „ein Viertel". Dabei ist „zur Hälfte" gleich „50 Prozent" und „ein Viertel" gleich „25 Prozent".

Zu 43) D. Indem man mit dem Kehrwert multipliziert

Man dividiert durch einen Bruch, indem man mit dem Kehrwert des Bruches multipliziert. Die Division gründet also auf einer Multiplikation.

Zu 44) B. Primzahlen.

Primzahlen sind natürliche Zahlen größer 1, die nur durch sich selbst und die Zahl 1 geteilt werden können, um eine ganze Zahl ohne Rest zu erhalten.

Zu 45) D. wenn ihre Quersumme durch 3 teilbar ist.

Ist die Quersumme einer Zahl durch 3 teilbar, so ist auch die Zahl selbst durch 3 teilbar. Die Quersumme wird üblicherweise aus der Summe der Ziffernwerte einer natürlichen Zahl gebildet. Die Quersumme aus 123 zum Beispiel lautet: $1 + 2 + 3 = 6$.

Zu 46) C. $(a + b) \times (a - b) = a^2 - b^2$

Die dritte Binomische Formel lautet $(a + b) \times (a - b) = a^2 - b^2$.

Zu 47) D. $a^2 + b^2 = c^2$

Der Satz des Pythagoras ist ein Grundsatz der Geometrie. Demnach gilt: In einem rechtwinkligen Dreieck entspricht die Summe der Kathetenquadrate ($a^2 + b^2$) dem Quadrat der Hypotenuse c, die dem rechten Winkel gegenüberliegt.

Zu 48) B. mit sich selbst multipliziert wird.

Ein Exponent (auch „Hochzahl") ist Bestandteil einer Potenz, die wiederum eine wiederholte Multiplikation darstellt. In der Potenz 2^3 ist 3 der Exponent zur Basis 2, man rechnet: $2^3 = 2 \times 2 \times 2 = 8$.

Zu 49) D. Eiswaffel

In der Geometrie sind Kegel – im engeren Sinne Kreiskegel – Körper mit einer kreisförmigen Grundfläche und einer Spitze, die sich auf einer (gedachten) senkrechten Linie zur

Grundfläche befindet. Der einzige hier aufgeführte Gegenstand, der diese Bedingungen erfüllt, ist die Eiswaffel. Eine Konservendose mit parallelen, kreisförmigen Grund- und Deckflächen ist ein Zylinder, eine Bowlingkugel ist eine Kugel, und eine Pyramide – mit mehreckiger Grundfläche und Spitze – nennt man auch in der Geometrie schlicht „Pyramide".

Zu 50) D. Tangente.

Eine Tangente ist eine Gerade, die eine Kurve oder einen Kreis in einem einzigen Punkt berührt. Durchschneidet die Gerade den Kreis, heißt sie Sekante, berührt sie ihn überhaupt nicht, nennt man sie Passante. Parallelen sind Geraden, die in derselben Ebene liegen und sich in keinem Punkt schneiden, Katheten sind die beiden kürzeren Seiten eines rechtwinkligen Dreiecks.

Biologie und Chemie (Aufgaben 51–60)

Zu 51) D. Erdöl

Benzin ist ein komplexes Gemisch aus über 100 unterschiedlichen, hauptsächlich leichten Kohlenwasserstoffen. Es wird überwiegend aus veredelten Komponenten in der Erdölraffination hergestellt und vornehmlich als Kraftstoff eingesetzt. Benzin kann auch aus Kohle durch Kohleverflüssigung gewonnen werden, was allerdings sehr kostenintensiv ist und dementsprechend selten angewendet wird.

Zu 52) C. Quecksilber

Quecksilber ist ein Metall und trägt im Periodensystem der Elemente das Symbol „Hg". Wie jedes andere Metall ist es elektrisch leitfähig. Es ist das einzige Metall und neben Brom das einzige Element, das unter Normalbedingungen flüssig ist. Wegen seiner hohen Oberflächenspannung benetzt Quecksilber seine Unterlage nicht, sondern bildet aufgrund einer starken Zusammenhangskraft linsenförmige Tropfen.

Zu 53) C. natürlichen Selektion.

Variation und natürliche Selektion waren für Charles Darwin (1809–1882) wichtige Faktoren der Evolution. Im Groben bezeichnet die Variation Prozesse, bei denen sich Lebewesen genetisch verändern und neue Arten entstehen; die natürliche Selektion umfasst Vorgänge, die den Fortpflanzungserfolg eines Lebewesens beeinflussen.

Zu 54) B. Oxidation

Wenn Eisen rostet, leidet es unter dem chemischen Prozess der Oxidation. Dazu kann es kommen, wenn das Eisen mit einer Säure in Kontakt kommt; es genügen aber schon Sauerstoff und Wasser, die das Metall angreifen und es instabil machen. Jährlich werden durch die Korrosion an Eisen- oder Stahlkonstruktionen weltweit Schäden in Milliardenhöhe verursacht.

Zu 55) B. Blei

Im Vergleich der Schmelzpunkte der genannten Metalle liegt Blei an unterster Stelle: Es schmilzt bereits bei Temperaturen von 327 °C. Silber geht bei rund 961 °C in den flüssigen Zustand über, Gold bei 1.064 °C, und Eisen verflüssigt sich erst bei 1.536 °C.

Zu 56) B. Abwehr von Krankheitserregern

Weiße Blutkörperchen (Leukozyten) sind Teil der Immunabwehr und finden sich im Blut, im Rücken- und Knochenmark und in anderen Gewebeteilen. Ihre Hauptaufgabe liegt in der Abwehr von Krankheitserregern.

Zu 57) D. Mit einem Indikator

Ein chemischer Indikator wird mit dem zu überprüfenden Stoff in Kontakt gebracht. Meist gibt eine entsprechende Verfärbung des Indikators Aufschluss über den pH-Wert des Stoffs. Abgeleitet ist das Kürzel von „pondus Hydrogenii" oder „potentia Hydrogenii" (lat. „Gewicht" bzw. „Kraft des Wasserstoffs"). Ein hoher pH-Wert zeigt einen sehr basischen/alkalischen Stoff an, saure Stoffe haben einen niedrigen pH-Wert.

Zu 58) B. Er erneuert sein Federkleid.

Einmal im Jahr erneuern Vögel ihr Federkleid, da sich ihre Federn abnutzen. Diesen Vorgang nennt man „Mauser".

Zu 59) A. Insekten

Das Facettenauge ist ein Augentyp, der sich aus zahlreichen einzelnen Augen zusammensetzt. Facettenaugen kommen bei Gliederfüßlern wie Insekten oder Krebsen vor.

Zu 60) D. Chlorophyll

Ihre grüne Farbe verdanken viele Pflanzen dem natürlichen Farbstoff Chlorophyll, auch „Blattgrün" genannt. Chlorophyll wird von Organismen durch Fotosynthese gebildet.

Physik und Technik (Aufgaben 61–70)

Zu 61) D. Nord- und Südpol

Die Pole eines Magneten heißen Nord- und Südpol. In grafischen Darstellungen ist der Nordpol meist rot und der Südpol grün eingefärbt, wobei die Feldlinien – die die Richtung und Stärke des Magnetfelds veranschaulichen – am Nordpol aus- und am Südpol eintreten.

Zu 62) C. Bei etwa minus 273 Grad Celsius

Der absolute Nullpunkt ist die theoretisch tiefste mögliche Temperatur, definiert als 0 Kelvin, das entspricht –273,15 °C. Nach dem dritten Hauptsatz der Thermodynamik kann der absolute Nullpunkt niemals erreicht werden. Allerdings lassen sich Temperaturen erzeugen, die ihm beliebig nahe kommen. Wissenschaftler konnten kleine Proben bereits bis auf wenige milliardstel Kelvin über dem absoluten Nullpunkt abkühlen.

Zu 63) C. Die Schlagkraft steigt.

Wird der Stiel des Hammers verlängert, ändern sich die Hebelverhältnisse. Je länger der Hebel (= der Stiel) ist, desto größer ist die Kraft, die beim Schlagen mit dem Hammerkopf ausgeübt werden kann.

Zu 64) D. Tesla

Die Einheit Celsius ist weltweit gebräuchlich, die Einheit Fahrenheit wird vor allem in den USA verwendet. Wissenschaftlicher Standard ist die Verwendung der Kelvin-Skala: 0 Kelvin entspricht der Temperatur des absoluten Nullpunkts (umgerechnet –273,15 Grad Celsius). 273,15 Kelvin entsprechen dem Nullpunkt der Celsius-Skala. Tesla ist die Standardeinheit der magnetischen Flussdichte.

Zu 65) B. 300.000 km/s

Die Lichtgeschwindigkeit, abgekürzt „c", wird in der Relativitätstheorie als höchstmögliche Geschwindigkeit überhaupt angenommen. Im Vakuum beträgt sie 299.792.458 Meter pro Sekunde, also rund 300.000 Kilometer pro Sekunde. Heutzutage lässt sich die Geschwindigkeit des Lichts mit technischen Geräten genau ermitteln: zum Beispiel, indem man die Laufzeit eines Laserstrahls über eine definierte Distanz misst.

Zu 66) C. behält er seine Geschwindigkeit mit Sicherheit bei.

Beschleunigung bedeutet, die Geschwindigkeit eines Körpers in einem definierten Zeitraum zu verändern – entweder positiv (beschleunigen) oder negativ (bremsen). Wenn ein

Körper nicht beschleunigt wird, kann man daher nur eines mit Sicherheit sagen: dass er seine momentane Geschwindigkeit beibehält. Wie hoch diese ist, darüber sagt die Beschleunigung nichts aus.

Zu 67) D. Schall ist bei kaltem Wetter schneller als bei warmem.

Dass Schall in Dezibel gemessen wird und physikalisch als Schwingungsfolge verstanden werden kann, stimmt. Auch ist der Schall um einiges langsamer als das Licht, das sich mit etwa 300.000 Kilometern pro Sekunde ausbreitet. Mit abnehmender Temperatur wird der Schall jedoch nicht etwa schneller – es ist genau umgekehrt: Er pflanzt sich in wärmerer Luft rascher fort. Bei –25 °C beispielsweise erreicht er eine Geschwindigkeit von rund 316 Metern pro Sekunde, bei +35 °C sind es über 350 Meter pro Sekunde.

Zu 68) C. Die Trägheit von Geschirr und Gläsern

Wenn die Gläser und das Geschirr stehenbleiben, ist ihre Trägheit daran schuld – physikalisch beschreibt die Trägheit das Bestreben von Körpern, ihren Bewegungszustand beizubehalten. Durch das schnelle Ziehen kann keine Reibung zwischen Tuch und Gedeck aufgebaut werden, daher wirkt auf die Gläser und das Geschirr keine Kraft und sie verharren in Ruhe.

Zu 69) A. Etwa 5 Prozent

Eine nicht energiesparende Glühlampe setzt nur etwa 5 Prozent der zugeführten elektrischen Leistung in sichtbares Licht um. Der Rest wird in Wärmestrahlung umgewandelt. Die Lichtausbeute bei Energiesparlampen (kompakte Leuchtstofflampen) liegt bei etwa 25 Prozent.

Zu 70) C. spart Herr Nessler dadurch Kraft, aber keine Energie.

Herr Nessler muss physikalisch gesehen tatsächlich weniger Kraft aufwenden: Durch das Zickzacklaufen verringert sich die Steigung seines Laufwegs und jeder Schritt fällt ihm leichter. Da er aber auch mehr Schritte machen muss, ändert sich an der einzusetzenden Energie nichts: Sie ist hier gleichzusetzen mit der zu verrichtenden Arbeit, berechnet sich durch (geringere) Kraft mal (längerem) Weg und bleibt schließlich gleich.

IT-Kenntnisse (Aufgaben 71–80)

Zu 71) C. 8

Der Begriff „Byte" stammt aus der Digitaltechnik und steht als Maßeinheit mit dem Einheitenzeichen „b" für eine Datenmenge von acht Bit. Man nutzt diese Maßeinheit, um die Speicherkapazität von Datenträgern wie Festplatten oder CD-ROMs anzugeben. Die nächst größeren Einheiten sind das Kilobyte (1 KB = 1.000 bzw. 1.024 Byte), das Megabyte (1 MB = 1.000 bzw. 1.024 KB) und das Gigabyte (1 GB = 1.000 bzw. 1.024 MB).

Zu 72) A. Ein Rechnernetz

Das „Local Area Network" (LAN) ist ein lokales Rechnernetz, das größer ist als ein „Personal Area Network" (PAN) und kleiner als ein „Metropolitan Area Network" (MAN). LANs erstrecken sich in der Regel über mehrere Räume, aber selten über ein Grundstück hinaus. Zum Aufbau lokaler Netzwerke gibt es verschiedene Technologien. Am verbreitetsten ist der Ethernet-Standard, der bestimmte Kabeltypen, Stecker, Signalisierungen und Protokolle festlegt.

Zu 73) B. Der Prozessor ist das Herzstück eines Computers und steuert die Bestandteile.

Der Hauptprozessor oder auch „CPU" („Central Processing Unit") ist die zentrale Verarbeitungseinheit des Computers. Der Prozessor befindet sich in einem Sockel oder direkt auf die Leiterplatte gelötet auf dem Motherboard. Er überwacht und steuert den gesamten Rechner und führt logische und arithmetische Berechnungen (Programme) aus. Die CPU hält die jeweils benötigten Informationen vorrätig und organisiert den Datentransfer.

Zu 74) C. Festplatte

Die Installation von Programmen ist der Vorgang, bei dem eine neue Software auf einen Computer kopiert und dabei eventuell konfiguriert wird. Die Installation von Programmen („Setup") findet in Regel auf der Festplatte statt, um jederzeit direkt darauf zugreifen zu können. Auf die Festplatte werden sie durch andere Speichermedien wie Flashspeicher, CD-ROMs oder USB-Sticks übertragen.

Zu 75) A. Eine Firewall ist ein Programm, das Schutz vor unberechtigtem Zugriff aus dem Internet bietet.

Eine Firewall überwacht den Datenverkehr zwischen zwei Netzwerken. Anhand festgelegter Regeln entscheidet sie, welche Netzwerkpakete durchgelassen werden und welche nicht, vor allem zum Schutz vor unerlaubten Zugriffen. So lässt sich beispielsweise ein privates Netz gegen ungewollte Zugriffe aus dem Internet sichern.

Zu 76) C. RAM (Random Access Memory)

Den Arbeitsspeicher eines Computers nennt man auch „RAM" („Random Access Memory") oder „Hauptspeicher". Er befindet sich in Form eines oder mehrerer Speichermodule auf der Hauptplatine des Computers und speichert Programme und Nutzdaten, damit sie vom Prozessor abgerufen und verarbeitet werden können. Der Arbeitsspeicher erlaubt einen schnelleren Datenzugriff als die Festplatte, sichert die Daten aber nicht dauerhaft. Bei einer Stromunterbrechung gehen alle Daten im RAM verloren.

Zu 77) C. BASIC

„BASIC" ist die Abkürzung für „Beginners All Purpose Symbolic Instruction Code", eine der meistverbreiteten Programmiersprachen. Sie wurde 1964 entwickelt, arbeitete ursprünglich mit Zeilennummern und Sprungbefehlen und eignet sich auch für Anfänger. „TCP/IP" steht für das „Transmission Control Protocol/Internet Protocol", wegen seiner Bedeutung für das Internet auch „Internetprotokoll" genannt. Das Kürzel „CBT" („Computer Based Training", dt. „rechnerunterstützter Unterricht") steht für elektronische Lernprogramme (auch „E-Learning").

Zu 78) C. Drucker

Peripheriegeräte sind zu einem Computersystem gehörende Geräte, die nicht in den Computer eingebaut sind: also alle von außen angeschlossenen Komponenten wie Maus, Tastatur, Joystick, Scanner, Bildschirm, Drucker und externe Speicher. Peripheriegeräte dienen vor allem der Ein- und Ausgabe von Daten oder Befehlen.

Zu 79) C. Geschwindigkeit des Prozessors

Das Kürzel GHz steht für „Gigahertz" und bezieht sich auf die Geschwindigkeit eines Mikroprozessors, bemessen an der Taktfrequenz: Darunter versteht man den Rhythmus, in dem Daten im Computer verarbeitet werden – im vorliegenden Fall sind das drei Milliarden Schwingungen pro Sekunde. Die Taktfrequenzen gängiger Mikroprozessoren haben sich seit Mitte der 1980er-Jahre von einigen Megahertz (MHz) in den Gigahertz-Bereich vervielfacht.

Zu 80) A. Eine Skriptsprache zur Internetnutzung in Web-Browsern

JavaScript ist eine von Sun Microsystems und Netscape entwickelte Programmiersprache, die man besonders zur dynamischen Programmierung in Web-Browsern verwendet. Hauptsächlich wird sie clientseitig eingesetzt, das heißt um Dienstleistungen eines Servers zu nutzen. Typische Anwendungsgebiete sind Banner und Laufschriften, die Plausibilitätsprüfung von Formulareingaben, der gleichzeitige Wechsel mehrerer Frames, die dynamische Manipulation von Webseiten, das Senden und Empfangen von Daten, ohne dass der Browser die Seite neu laden muss, das sofortige Vorschlagen von Suchbegriffen und die Verschleierung von E-Mail-Adressen zur Spam-Abwehr.

Abkürzungen (Aufgaben 81–90)

Zu 81) B. Mehrwertsteuer

Hinter dem Kürzel „MwSt." verbirgt sich die Mehrwert- oder auch Umsatzsteuer, die für den Austausch von Waren und Dienstleistungen zu entrichten ist. Die Mehrwertsteuer zählt zu den einträglichsten Einkommensquellen des deutschen Fiskus.

Zu 82) C. Bundesnachrichtendienst

„BND" ist das offizielle Kürzel für den Bundesnachrichtendienst, den Auslandsnachrichtendienst der Bundesrepublik Deutschland. Die Bundesbehörde mit Sitzen in Pullach bei München und Berlin beschäftigt rund 6.500 Mitarbeiter.

Zu 83) D. Industrie- und Handelskammer

Die Industrie- und Handelskammern (IHKs) sind Interessensgemeinschaften der deutschen Wirtschaft. Sie vertreten ihre Mitgliedsunternehmen gegenüber dem Staat und in der Öffentlichkeit. Bundesweit gibt es 79 regionale Kammern; ihre Dachorganisation ist der Deutsche Industrie- und Handelskammertag (DIHK). Alle Unternehmen sind zur Mitgliedschaft in der zuständigen regionalen IHK verpflichtet, ausgenommen reine Handwerksbetriebe, Landwirtschaften und Freiberufler.

Zu 84) B. gegebenenfalls

Zu 85) B. zuzüglich

Zu 86) B. Technischer Überwachungs-Verein

Ein Technischer Überwachungs-Verein (TÜV) führt technische Kontrollen durch, um die Sicherheit u. a. von Kraftfahrzeugen und Maschinen zu prüfen. TÜVs sind privatwirtschaftliche Gesellschaften, die der Staat mit hoheitlichen Aufgaben betraut, beispielsweise der Hauptuntersuchung für Kraftfahrzeuge. Den Namen „TÜV" tragen in Deutschland mehrere eigenständige, konkurrierende Unternehmen: die Holdings TÜV Süd, TÜV Nord und TÜV Rheinland sowie die konzernunabhängigen TÜV Thüringen und TÜV Saarland.

Zu 87) A. Straßenverkehrs-Ordnung.

„StVO" steht für die deutsche Straßenverkehrs-Ordnung, die den Verkehr auf Straßen, Wegen und Plätzen regelt. Sie definiert u. a. erlaubte Geschwindigkeiten, Halte- und Parkverbote, Vorfahrten, Abbiege- und Überholvorgänge – und Bußgelder bei Verstößen.

Zu 88) D. gezeichnet

Das Kürzel „gez." steht für „gezeichnet" und kennzeichnet den Urheber eines Briefs oder ähnlicher Schriftstücke. Der Verfasser verwendet es in der Regel dann, wenn er das Dokument nicht händisch unterschreibt, sondern seinen Namen maschinengeschrieben daruntersetzt.

Zu 89) D. Polyvinylchlorid

PVC ist die Abkürzung für Polyvinylchlorid, einen harten, spröden Kunststoff, der durch Zugabe von Weichmachern und Stabilisatoren formbar wird. PVC wird in der Industrie vielfach verwendet, etwa für Fußbodenbeläge, Rohre und Isolierungen oder auch Schallplatten – daher die Bezeichnung „Vinyl".

Zu 90) A. Deutsches Institut für Normung

Die Abkürzung DIN bedeutete früher „Deutsche Industrie-Norm", seit 1975 steht sie für das Deutsche Institut für Normung e. V.: eine Einrichtung, die verbindliche Standards für Güter und Arbeitsabläufe in Industrie, Handel, Handwerk und Wissenschaft erarbeitet – die sogenannten DIN-Normen. Die Bandbreite dieser Vorgaben reicht vom DIN-Papierformat über Gestaltungsregeln in der Textverarbeitung bis hin zu Qualitätsrichtlinien für Schrauben und Muttern in der Raumfahrt.

Fachbezogenes Wissen

Elektrotechnik

Bearbeitungszeit 10 Minuten

Beantworten Sie bitte die folgenden Aufgaben, indem Sie jeweils den richtigen Lösungsbuchstaben markieren.

1) In welcher Einheit wird elektrische Spannung gemessen?

A. Volt
B. Ohm
C. Dezibel
D. Ampere
E. Keine Antwort ist richtig.

2) Was ist ein Elektron?

A. Ein chemisches Element
B. Ein elektrisch geladenes Proton
C. Ein elektrisch geladenes Neutron
D. Ein negativ geladenes Elementarteilchen
E. Keine Antwort ist richtig.

3) Welche Formel zum ohmschen Gesetz ist richtig?

A. $\frac{R}{U} = I$
B. $U \times R = I$
C. $\frac{U}{R} = I$
D. $U \times I = R$
E. Keine Antwort ist richtig.

4) Aus welchen Bestandteilen setzt sich ein einfacher Stromkreis zusammen?

A. Spannungsquelle, Verbraucher, Leitungen und Stromkasten
B. Leitungen, Spannungsquelle und ein Verbraucher
C. Spannungsquelle, Verbraucher, Leitungen und ein Transistor
D. Spannungsquelle, Verbraucher, Leitungen und eine Sicherung
E. Keine Antwort ist richtig.

5) Mit einem Generator kann man ...?

A. chemische in mechanische Energie umwandeln.
B. elektrische Energie in Wärmeenergie umwandeln.
C. mechanische in elektrische Energie umwandeln.
D. elektrische in mechanische Energie umwandeln.
E. Keine Antwort ist richtig.

6) Welche physikalische Größe gibt man in der Einheit Hertz an?

A. Die Frequenz
B. Die Kapazität
C. Die Induktivität
D. Die Relativität
E. Keine Antwort ist richtig.

7) Wovon hängt die Leitfähigkeit eines Metalls ab?

A. Von der Reinheit des Stoffs
B. Von der Farbe des Metalls
C. Von der Zahl der freien Elektronen
D. Von der Zahl der Protonen
E. Keine Antwort ist richtig.

8) Wann unterbricht eine Sicherung einen Stromkreis?

A. Wenn eine bestimmte Spannung über eine festgelegte Zeit hinaus überschritten wird
B. Wenn eine bestimmte Stromstärke über eine festgelegte Zeit hinaus überschritten wird
C. Wenn ein bestimmter Widerstand über eine festgelegte Zeit hinaus überschritten wird
D. Wenn eine bestimmte Frequenz über eine festgelegte Zeit hinaus überschritten wird
E. Keine Antwort ist richtig.

9) Mit welchem Bauelement kann man elektrische Ladung gut speichern?

A. Mit einem Widerstand
B. Mit einem Isolator
C. Mit einer Spule
D. Mit einem Kondensator
E. Keine Antwort ist richtig.

10) Was versteht die Elektrotechnik unter dem Begriff „Flipflop"?

A. Eine Schaltung mit zwei stabilen elektrischen Zuständen
B. Einen isolierenden Sicherheitsschuh
C. Einen Wackelkontakt
D. Einen Wechselstromkreis
E. Keine Antwort ist richtig.

11) Durch das Produkt von (konstanter) Spannung und (konstanter) Stromstärke über eine bestimmte Zeit berechnet sich die …?

A. elektrische Energie.
B. elektrische Kapazität.
C. elektrische Leistung.
D. elektrische Frequenz.
E. Keine Antwort ist richtig.

12) Welche Kategorie von Elektromotoren gibt es nicht?

A. Drehstrommotoren
B. Gleichstrommotoren
C. Universalmotoren
D. Reihenstrommotoren
E. Keine Antwort ist richtig.

13) Welches Bauelement dient zum Schalten und Verstärken elektrischer Signale?

A. Transformator
B. Transistor
C. Kondensator
D. Generator
E. Keine Antwort ist richtig.

14) Was zeichnet eine Kathode aus?

A. Bipolarität
B. Elektronenüberschuss
C. Ladungsgleichgewicht
D. Elektronenmangel
E. Keine Antwort ist richtig.

15) Was ist ein Potentiometer?

A. Ein Instrument zur Messung elektrischer Kapazität
B. Ein Gerät zur Drehstrom-Erzeugung
C. Ein Spannungswandler
D. Ein mechanisch regulierbarer Widerstand
E. Keine Antwort ist richtig.

16) Ein Toaster, ein Kühlschrank und eine Glühlampe sind in einem Stromkreis in Reihe geschaltet. Was geschieht, wenn die der Spannungsquelle am nächsten liegende Glühlampe durchbrennt?

A. Nur das direkt hinter die Glühlampe geschaltete Gerät geht aus.
B. Nur das übernächste hinter die Glühlampe geschaltete Gerät geht aus.
C. Der Toaster und der Kühlschrank gehen aus.
D. Der Toaster und der Kühlschrank funktionieren weiter.
E. Keine Antwort ist richtig.

17) Auf einer Hochspannungsleitung hat sich eine Gruppe junger Vögel niedergelassen, die vergnügt zwitschern. Warum geschieht ihnen nichts?

A. Weil sie extrem hohe Stromstärken verkraften können
B. Weil ihre Füße den Strom so gut leiten, dass der restliche Körper geschützt bleibt
C. Weil spezielle leitfähige Härchen einen faradayschen Käfig um sie bilden
D. Weil gar kein Strom fließt
E. Keine Antwort ist richtig.

18) Anna fasst an einen elektrischen Weidezaun und kriegt einen Schlag – das liegt ...?

A. nur an der Spannung.

B. am Strom und an der Spannung.

C. nur am Strom.

D. weder am Strom noch an der Spannung.

E. Keine Antwort ist richtig.

19) Die elektrische Leitfähigkeit eines Halbleiters ...?

A. ist halb so groß wie bei einem Leiter.

B. hängt von seiner Temperatur ab.

C. ist doppelt so groß wie bei einem Isolator.

D. hängt von der Dauer des Stromflusses ab.

E. Keine Antwort ist richtig.

20) Ein Radio, ein Fernseher und eine Glühlampe sind in einem Stromkreis parallel geschaltet. Was geschieht, wenn die der Spannungsquelle am nächsten liegende Glühlampe durchbrennt?

A. Das Radio und der Fernseher funktionieren weiter.

B. Nur das übernächste hinter die Glühlampe geschaltete Gerät geht aus.

C. Nur das direkt hinter die Glühlampe geschaltete Gerät geht aus.

D. Auch das Radio und der Fernseher gehen aus.

E. Keine Antwort ist richtig.

Handwerk

Bearbeitungszeit 7½ Minuten

Beantworten Sie bitte die folgenden Aufgaben, indem Sie jeweils den richtigen Lösungsbuchstaben markieren.

21) Welche Bauteile sind häufig mit einem Schuko-System ausgestattet?

A. Stecker und Steckdosen
B. Akkus und Batterien
C. PCs und Monitore
D. Transformatoren und Kondensatoren
E. Keine Antwort ist richtig.

22) Welche Kategorie ist für die Einteilung von Schrauben nach ihrer Kopfform nicht gebräuchlich?

A. Rundschrauben
B. Sechskantschrauben
C. Schlitzschrauben
D. Senkschrauben mit Kreuzschlitz
E. Keine Antwort ist richtig.

23) Welcher der unten genannten Bohrer bietet sich zum Bohren des Kernlochs für das M 5-Gewinde an?

A. 2,2 mm
B. 4,2 mm
C. 5 mm
D. 6 mm
E. Keine Antwort ist richtig.

24) Wie wird gemäß Handwerksordnung der freiwillige Zusammenschluss selbstständiger Handwerker des gleichen Handwerks eines bestimmten Bezirks bezeichnet?

A. Industrie- und Handelskammer
B. Gewerkschaft
C. Genossenschaft
D. Handwerksinnung
E. Keine Antwort ist richtig.

25) Auf einer Verpackung finden Sie die Gewindeangabe „M 4 × 1,5“. Was bedeutet diese Angabe?

A. Die Gewindelänge beträgt 4 mm, der Durchmesser 1,5 mm.
B. Der Durchmesser beträgt 4 mm, die Gewindesteigung 1,5 mm.
C. Die Gewindesteigung beträgt 4 mm, der Durchmesser 1,5 mm.
D. Die Gewindesteigung beträgt 4 mm, die Gewindelänge 1,5 mm.
E. Keine Antwort ist richtig.

26) Befestigungsgewinde werden eingesetzt, um …?

A. drehende in gradlinige Bewegungen umzuwandeln.
B. gradlinige in drehende Bewegungen umzuwandeln.
C. zwischen Bauteilen genug Spiel für Ausdehnungen zu lassen.
D. Bauteile fest zu verspannen.
E. Keine Antwort ist richtig.

27) Worin unterscheidet sich ein Normalgewinde von einem Feingewinde?

A. Die Steigung beim Normalgewinde ist kleiner.
B. Die Steigung beim Feingewinde ist kleiner.
C. Die Oberfläche ist beim Normalgewinde stabiler.
D. Die Oberfläche ist beim Normalgewinde glatter.
E. Keine Antwort ist richtig.

28) In welche Kategorie werden Federn gewöhnlich nicht eingeteilt?

A. Schraubenfedern
B. Ringfedern
C. Langfedern
D. Biegefedern
E. Keine Antwort ist richtig.

29) Worin unterscheiden sich Ketten nicht von Riemen?

A. Durch niedrigeren Schlupf
B. Durch grundsätzlich geringeren Platzverbrauch
C. Durch Unempfindlichkeit gegen äußere Einflüsse
D. Durch bessere Kraftübertragung
E. Keine Antwort ist richtig.

30) Was ist kein Vorteil des Nietens gegenüber dem Schweißen?

A. Keine Gesundheitsgefahr durch Gase und Lichtstrahlung
B. Geringer Energieverbrauch
C. Keine Gefügeänderung in den zu verbindenden Blechen
D. Gewichtssenkung des Endprodukts
E. Keine Antwort ist richtig.

31) Frau Schmidt möchte ihre Deckenlampe von zwei verschiedenen Stellen aus an- und ausschalten können. Welche Installationsschaltung ist dafür geeignet?

A. Wechselschaltung
B. Reihenschaltung
C. Tandemschaltung
D. Serienschaltung
E. Keine Antwort ist richtig.

32) Um den Stromverbrauch einer Waschmaschine zu überwachen, will Max ein Strommessgerät installieren. Wie sollte er dabei vorgehen?

A. Max sollte das Messgerät parallel zum Verbraucher anschließen.

B. Max sollte das Messgerät in Reihe zum Verbraucher schalten.

C. Max sollte das Messgerät anstelle des Verbrauchers anschließen.

D. Max sollte das Messgerät direkt an der Spannungsquelle anschließen.

E. Keine Antwort ist richtig.

33) Worin unterscheiden sich Wellen und Achsen?

A. Wellen übertragen Energie, Achsen nicht.

B. Im jeweils verwendeten Material

C. In der Größe: Große Wellen heißen Achsen.

D. Wellen werden senkrecht eingebaut, Achsen waagerecht.

E. Keine Antwort ist richtig.

34) Warum haben die Kettenräder eines Fahrrads verschiedene Größen?

A. Um eine Untersetzung entstehen zu lassen

B. Um eine Übersetzung entstehen zu lassen

C. Um die Kettenführung zu verbessern

D. Um die Kettenlänge zu minimieren

E. Keine Antwort ist richtig.

35) Nieten und zu vernietende Bauteile sollten möglichst aus dem gleichen Material bestehen, damit …?

A. das Endprodukt einheitlich aussieht.

B. Kosten gespart werden können.

C. die Verbindung langfristig stabil bleibt.

D. beim Vernieten das härtere dem weicheren Material nicht schadet.

E. Keine Antwort ist richtig.

Praktisches Verständnis

Bearbeitungszeit 15 Minuten

Beantworten Sie bitte die folgenden Aufgaben, indem Sie jeweils den richtigen Lösungsbuchstaben markieren.

36) Welche Glühlampen leuchten, wenn die Schalter 1 und 4 geschlossen werden?

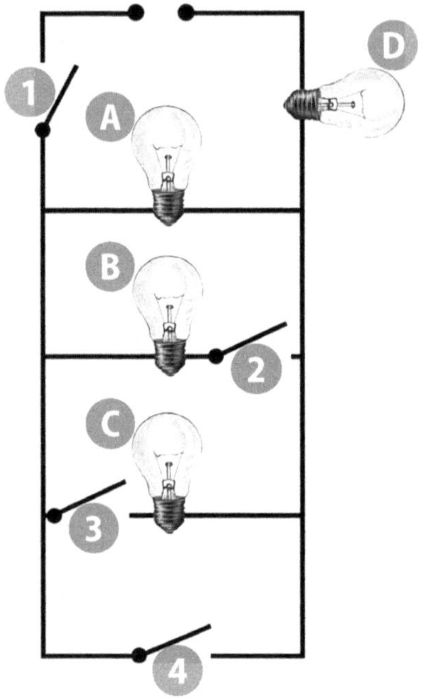

A. Glühlampen A und D
B. Glühlampen D und C
C. Nur Glühlampe A
D. Nur Glühlampe D
E. Keine Antwort ist richtig.

37) Mit welchem Schraubenschlüssel lässt sich die Schraubenmutter am besten festziehen?

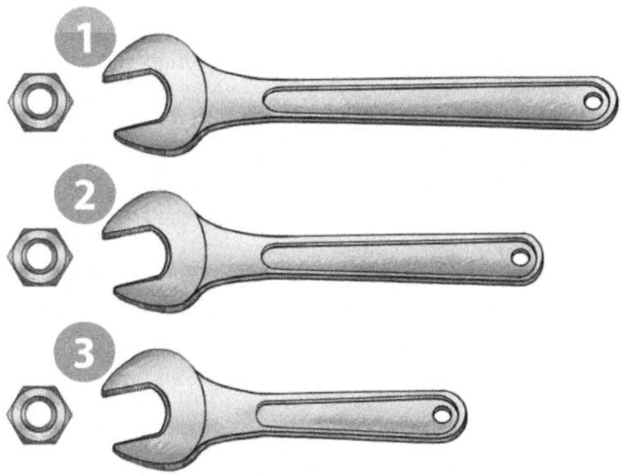

A. Mit Schraubenschlüssel 1
B. Mit Schraubenschlüssel 2
C. Mit Schraubenschlüssel 3
D. Die Schraube lässt sich mit den verschiedenen Schraubenschlüsseln gleich gut festziehen.
E. Keine Antwort ist richtig.

38) Die drei Glühlampen A, B und C brennen gleich hell. Was geschieht, wenn in folgender Schaltung Glühlampe A defekt ist, so dass sie erlischt?

A. Die Glühlampen B und C erlöschen ebenfalls.
B. Die Glühlampen B und C leuchten heller als zuvor.
C. Die Glühlampen B und C leuchten unverändert weiter.
D. Die Glühlampe B leuchtet ein wenig heller als C.
E. Keine Antwort ist richtig.

39) Auf welches Zahnrad muss der Treibriemen gespannt werden, damit sich die untere Achse schneller dreht als die obere?

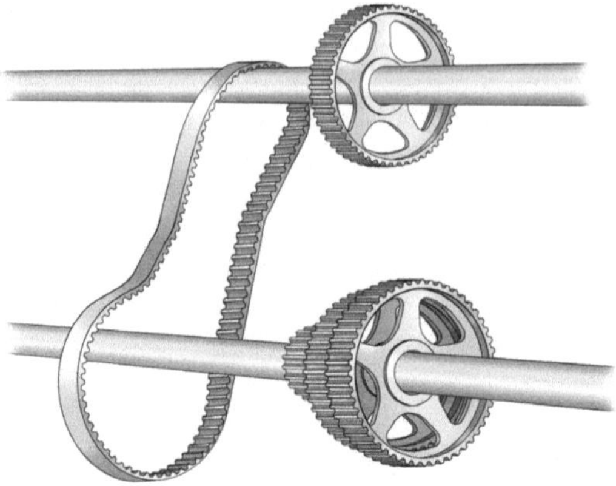

A. Auf das linke Zahnrad
B. Auf das mittlere Zahnrad
C. Auf das rechte Zahnrad
D. Die Geschwindigkeit lässt sich nicht durch die Wahl der Zahnräder ändern.
E. Keine Antwort ist richtig.

40) Die drei Glühlampen A, B und C brennen gleich hell. Was geschieht, wenn in folgender Schaltung Glühlampe A defekt ist, so dass sie erlischt?

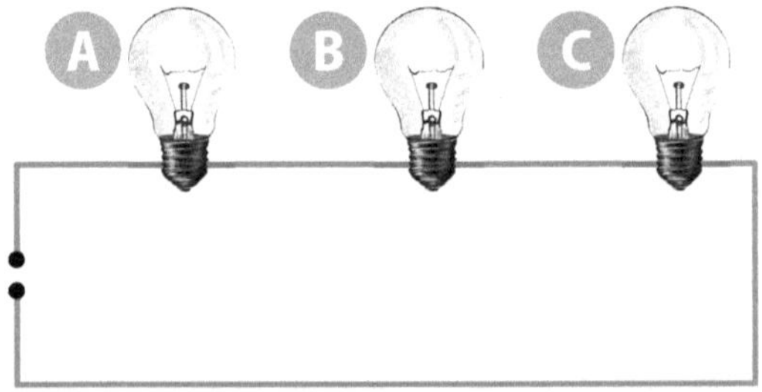

A. Die Glühlampen B und C erlöschen ebenfalls.
B. Die Glühlampen B und C leuchten heller als zuvor.
C. Die Glühlampen B und C leuchten unverändert weiter.
D. Die Glühlampe B leuchtet ein wenig heller als C.
E. Keine Antwort ist richtig.

41) Welcher der Schalter 1 bis 4 muss geschlossen werden, damit der Stromkreislauf funktioniert?

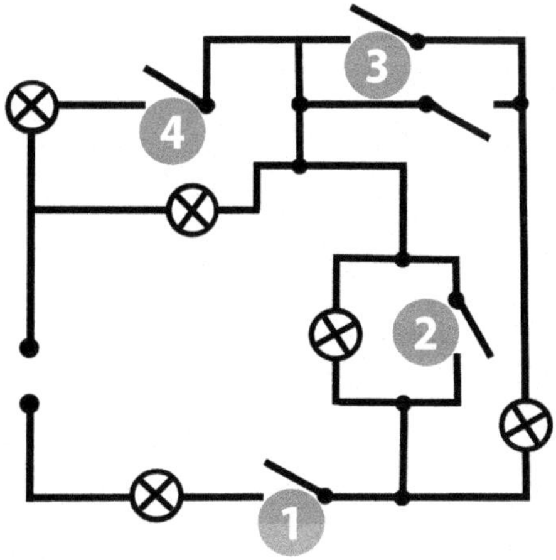

A. Schalter 1
B. Schalter 2
C. Schalter 3
D. Schalter 4
E. Keine Antwort ist richtig.

42) Die abgebildete Wasserwaage wird auf den schiefen Untergrund gelegt. Wie verhält sich die Luftblase im flüssigkeitsgefüllten Röhrchen?

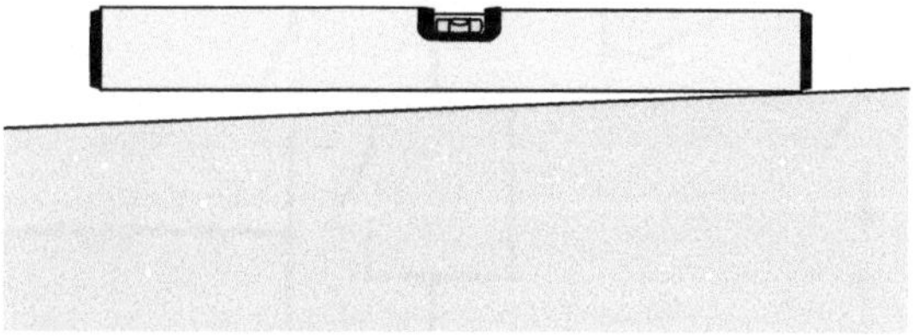

A. Sie bewegt sich nach links.
B. Sie bewegt sich nach rechts.
C. Sie bewegt sich nicht.
D. Sie bewegt sich nach unten.
E. Keine Antwort ist richtig.

43) In welche Richtung bewegt sich das große Rad, wenn sich das Antriebsrad A in Pfeilrichtung dreht?

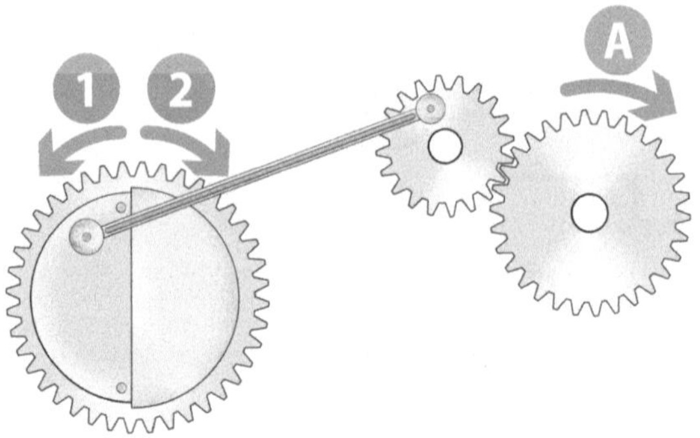

A. In Richtung 1
B. In Richtung 2
C. Hin und her
D. Gar nicht
E. Keine Antwort ist richtig.

44) Welche der Schalter 1 bis 4 müssen geschlossen werden, damit genau zwei Glühbirnen leuchten?

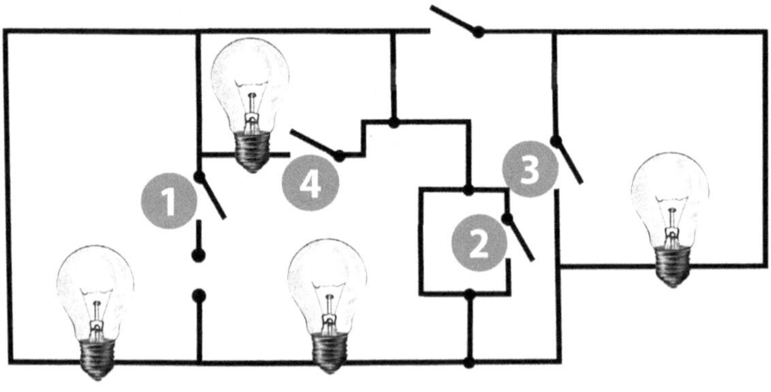

A. Schalter 1 und 2
B. Schalter 1 und 4
C. Schalter 3 und 4
D. Schalter 2 und 4
E. Keine Antwort ist richtig.

45) Ihnen liegen vier Kontaktanschlüsse 1 bis 4 vor. Welche zwei Kontaktanschlüsse müssen kurzgeschlossen werden, damit eine der vier Lampen möglichst hell leuchtet?

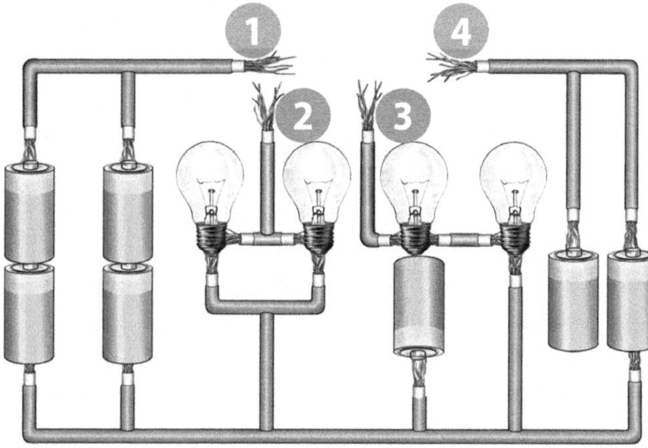

A. 1 und 2
B. 2 und 3
C. 3 und 4
D. 1 und 3
E. Keine Antwort ist richtig.

46) Wie hoch ist der Gesamtwiderstand im Stromkreis?

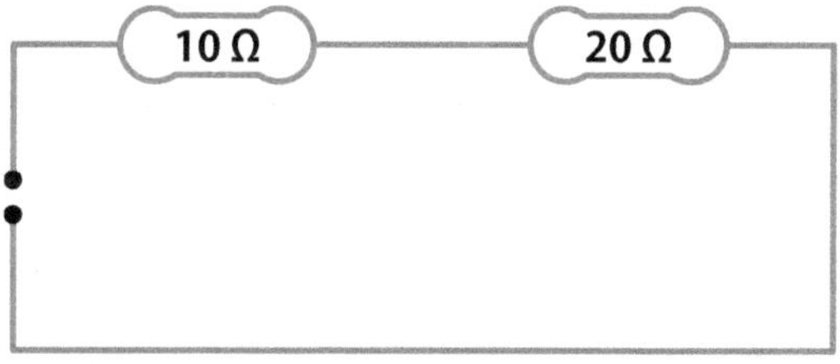

A. 15 Ω
B. 30 Ω
C. 100 Ω
D. 200 Ω
E. Keine Antwort ist richtig.

47) Die zwei Platten eines Kondensators sind durch Glas isoliert. Wie sieht eine typische Ladungsverteilung aus?

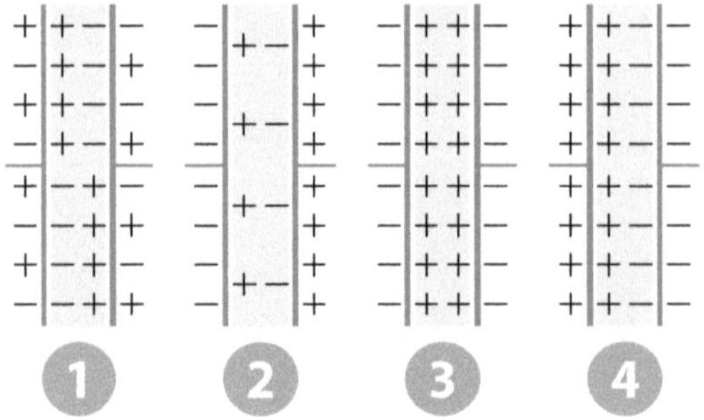

A. Wie in Skizze 1
B. Wie in Skizze 2
C. Wie in Skizze 3
D. Wie in Skizze 4
E. Keine Antwort ist richtig.

48) An welcher Stelle des Stromkreises ist die Stromstärke am größten?

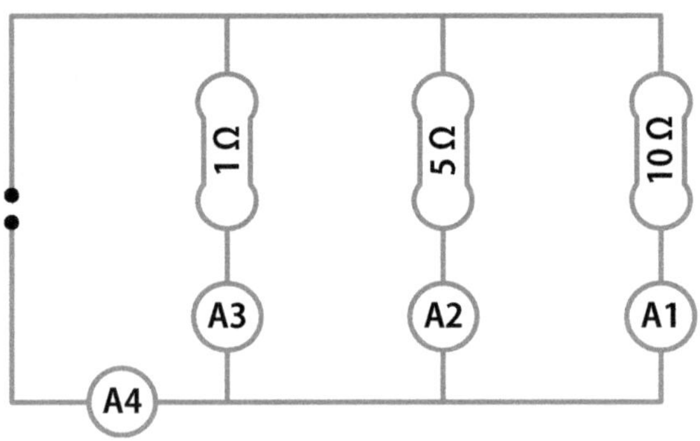

A. Bei A1
B. Bei A2
C. Bei A3
D. Bei A4
E. Keine Antwort ist richtig.

49) Wie hoch ist der Gesamtwiderstand im Stromkreis?

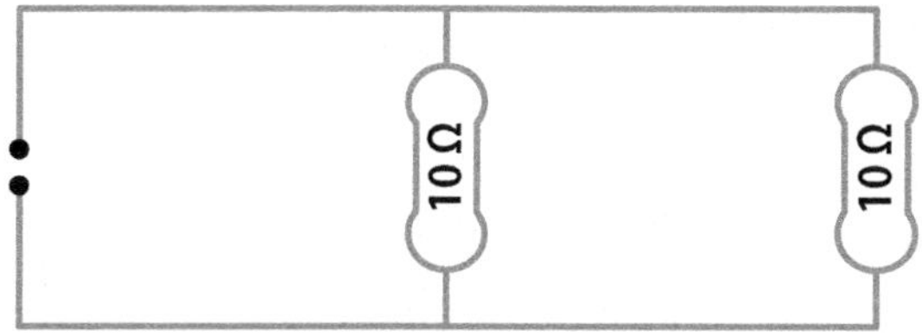

A. 100 Ω
B. 40 Ω
C. 20 Ω
D. 5 Ω
E. Keine Antwort ist richtig.

50) Welche Spannung liegt am zweiten Widerstand an?

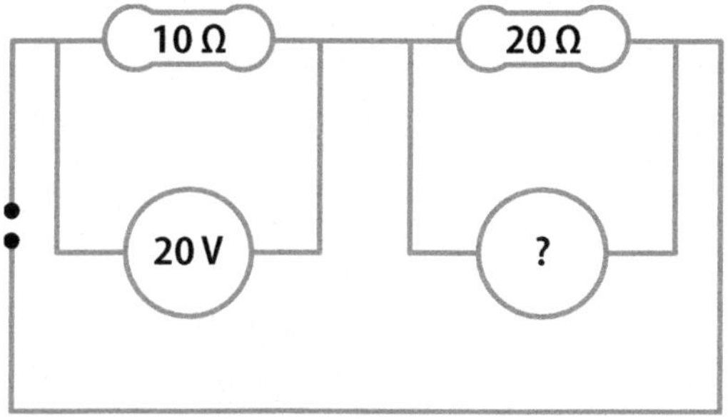

A. 10 V
B. 20 V
C. 40 V
D. 80 V
E. Keine Antwort ist richtig.

Arbeitssicherheit

Bearbeitungszeit 5 Minuten

Beantworten Sie bitte die folgenden Aufgaben, indem Sie jeweils den richtigen Lösungsbuchstaben markieren.

51) Was bedeutet dieses Piktogramm?

A. Entzündlicher Stoff
B. Radioaktiver Stoff
C. Magnetischer Stoff
D. Explosionsgefährlicher Stoff
E. Keine Antwort ist richtig.

52) Was bedeutet dieses Piktogramm?

A. Desinfektionspflicht
B. Kein Ausgang
C. Durchgang für Unbefugte untersagt
D. Ausweiskontrolle
E. Keine Antwort ist richtig.

53) Was bedeutet dieses Piktogramm?

A. Gasanschluss
B. Feuerlöscher
C. Sauerstoffzufuhr
D. Öltank
E. Keine Antwort ist richtig.

54) Was bedeutet dieses Piktogramm?

A. Sicherheitshinweise beachten
B. Gehörschutz tragen
C. Schutzhelm tragen
D. Minimale Sichtweite
E. Keine Antwort ist richtig.

55) Was bedeutet dieses Piktogramm?

A. Grelle Lichtquelle
B. Plötzliche Geräuschentwicklung
C. Mikrowellenstrahlung
D. Gefährliche elektrische Spannung
E. Keine Antwort ist richtig.

56) Was bedeutet dieses Piktogramm?

A. Explosionsgefahr
B. Minengefahr
C. Sirene
D. Laserstrahlung
E. Keine Antwort ist richtig.

57) Was bedeutet dieses Piktogramm?

A. Schutzerdung
B. Funkmast
C. Öffentlicher Brunnen
D. UV-Strahlung
E. Keine Antwort ist richtig.

58) Was bedeutet dieses Piktogramm?

A. Gehörschutz
B. Notruftelefon
C. Hilfe für Gehörlose
D. Lärmquelle
E. Keine Antwort ist richtig.

59) Was bedeutet dieses Piktogramm?

A. Hände desinfizieren
B. Nicht berühren
C. Schutzhandschuhe tragen
D. Gefahr durch scharfe Klingen
E. Keine Antwort ist richtig.

60) Was bedeutet dieses Piktogramm?

A. Verbot von offenem Feuer
B. Nichtraucherbereich
C. Vorsicht, Funkenflug
D. Brennbarer Feststoff
E. Keine Antwort ist richtig.

Lösungen: Fachbezogenes Wissen

1) A	21) A	41) A
2) D	22) A	42) B
3) C	23) B	43) C
4) B	24) D	44) A
5) C	25) B	45) D
6) A	26) D	46) B
7) C	27) B	47) B
8) B	28) C	48) D
9) D	29) B	49) D
10) A	30) D	50) C
11) A	31) A	51) D
12) D	32) B	52) C
13) B	33) A	53) B
14) B	34) B	54) B
15) D	35) C	55) D
16) C	36) D	56) D
17) D	37) A	57) A
18) B	38) C	58) B
19) B	39) A	59) C
20) A	40) A	60) A

Elektrotechnik (Aufgaben 1–20)

Zu 1) A. Volt

Das Volt – benannt nach dem italienischen Physiker Alessandro Volta – ist die international genormte SI-Einheit für elektrische Spannung mit dem Einheitenzeichen „V".

Zu 2) D. Ein negativ geladenes Elementarteilchen

Das Elektron ist ein negativ geladenes Elementarteilchen mit dem Symbol e^-. In den bisher möglichen Experimenten zeigen Elektronen keine innere Struktur und können insofern als punktförmig angenommen werden. Die experimentelle Obergrenze für die Größe des Elektrons liegt derzeit bei etwa 10^{-19} m. In Atomen und Ionen bilden Elektronen die Elektronenhülle.

Zu 3) C. $\frac{U}{R} = I$

Das ohmsche Gesetz besagt, dass sich die Stromspannung (gemessen in Volt) aus dem Produkt von Stromstärke (gemessen in Ampere) und Widerstand (gemessen in Ohm) ergibt:

Elektrische Spannung (U) = Elektrischer Widerstand (R) × Elektrischer Strom (I)

Umgeformt gilt demnach auch:

$$\frac{\text{Elektrische Spannung (U)}}{\text{Elektrischer Widerstand (R)}} = \text{Elektrischer Strom (I)}$$

Antwort C ist korrekt.

Zu 4) B. Leitungen, Spannungsquelle und ein Verbraucher

Ein einfacher Stromkreislauf setzt sich zusammen aus einer Spannungsquelle – beispielsweise einem Fahrraddynamo –, Leitungen (Kabeln, Drähten) und einem Verbraucher (Fahrradlicht). Transistoren zum Schalten oder Verstärken elektrischer Signale werden in diesem einfachen Stromkreis ebenso wenig benötigt wie eine Sicherung oder ein Stromkasten.

Zu 5) C. mechanische in elektrische Energie umwandeln.

Ein Generator wandelt mechanische oder kinetische Energie (Bewegungsenergie) in elektrische Energie um. Erscheinungsformen sind z. B. brennstoffbetriebene Notstromaggregate, Stromerzeuger in Wasserkraftwerken oder Fahrrad-Dynamos.

Zu 6) A. Die Frequenz

In Hertz – nach dem deutschen Physiker Heinrich Hertz (1857–1894) – gibt man die physikalische Größe Frequenz an. Ein Hertz entspricht einer Schwingung pro Sekunde. Die Kapazität wird in Coulomb (C), die Induktivität in Henry (I) beziffert. Die Relativität ist keine klassifizierte physikalische Größe.

Zu 7) C. Von der Zahl der freien Elektronen

Die Leitfähigkeit eines Stoffs hängt davon ab, wie viele freie, bewegliche Ladungsträger – bei Metallen sind dies die Elektronen, bei anderen Stoffen können dies auch Ionen sein – darin verfügbar sind. Das leitfähigste Metall und zugleich leitfähigste Element des Periodensystems ist Silber.

Zu 8) B. Wenn eine bestimmte Stromstärke über eine festgelegte Zeit hinaus überschritten wird

Eine Sicherung – im Fachjargon: „Überstromschutzeinrichtung" – unterbricht den von ihr gesicherten Stromkreis dann, wenn eine definierte Stromstärke über eine festgelegte Dauer hinaus überschritten wird. Dadurch lassen sich Leitungen, Schalter und Geräte vor Überstromschäden schützen. Überströme können durch Kurzschlüsse oder Überlastungen auftreten.

Zu 9) D. Mit einem Kondensator

Zur Speicherung elektrischer Ladung verwendet man Kondensatoren: Bauelemente aus zwei elektrisch leitenden Platten (Elektroden) mit einem Dielektrikum – einem isolierenden Stoff wie Luft oder Keramik – dazwischen.

Zu 10) A. Eine Schaltung mit zwei stabilen elektrischen Zuständen

Als „Flipflop" bezeichnet man in der Elektrotechnik eine elektrische Schaltung, die zwei stabile Zustände einnehmen kann. Mit einem solchen Bauteil lässt sich dementsprechend eine Datenmenge von einem Bit speichern, was Flipflops zur massenhaften Verwendung in allen möglichen Digitalgeräten – z. B. in Computerchips – prädestiniert.

Zu 11) A. elektrische Energie.

$E = U \times I \times \Delta t$: So lautet die Formel zur Berechnung der elektrischen Energie bei konstanter Spannung und Stromstärke. Die Einheit der elektrischen Energie ist die Wattsekunde („Ws") bzw. das Joule („J"). Zur Bestimmung der Leistung – physikalisch gesehen Energie geteilt durch Zeit – müsste man nur Spannung und Stromstärke multiplizieren.

Zu 12) D. Reihenstrommotoren

Elektromotoren, die mit Dreiphasen-Wechselstrom betrieben werden, nennt man „Drehstrommotoren". Sie sind robust, vielseitig verwendbar und in der Regel relativ günstig. Gleichstrommotoren treiben unter anderem Scheibenwischer oder Gebläse in Kraftfahrzeugen an, oder industrielle Maschinen und Anlagen. Universalmotoren schließlich können mit Gleich- oder Wechselstrom betrieben werden. Eingesetzt werden sie zum Beispiel im Haushalt (Küchengeräte) oder im Heimwerkerbereich. „Reihenstrommotoren" gibt es nicht.

Zu 13) B. Transistor

Zum Schalten und Verstärken elektrischer Signale eignen sich Transistoren (vom englischen „transfer resistor" – „Leitungswiderstand"). Je nach Verwendungszweck nutzt man die Bauelemente in unterschiedlichen Ausführungen, die eines gemein haben: Sie funktionieren ohne mechanische Bewegung.

Zu 14) B. Elektronenüberschuss

Eine Kathode ist ein elektrischer Leiter mit einem Überschuss an Elektronen. Das Gegenstück zur Kathode ist die Anode, an der Elektronenmangel herrscht. Zwischen diesen Polen wandern die Ladungsträger: Negativ geladene Anionen zieht es zur Anode, positiv geladene Kationen zur Kathode.

Zu 15) D. Ein mechanisch regulierbarer Widerstand

Ein Potentiometer ist ein elektrischer Widerstand, der sich mechanisch – durch Drehen oder Verschieben – regulieren lässt. Dadurch eignet er sich für die Steuerung elektronischer Geräte wie z. B. Radios. Aufgrund ihrer Verschleißanfälligkeit und der fortschreitenden Digitalisierung greift man mittlerweile jedoch vermehrt zu anderen Bauteilen.

Zu 16) C. Der Toaster und der Kühlschrank gehen aus.

Wenn sich die Geräte in Reihenschaltung befinden, ist der gesamte Stromkreis unterbrochen, sobald die Glühlampe durchbrennt. Auch durch den Toaster und den Kühlschrank fließt dann kein Strom mehr.

Zu 17) D. Weil gar kein Strom fließt

Die Spannung der Hochspannungsleitung besteht im Ladungsunterschied zwischen Leitung und Erde. Da innerhalb bzw. „auf" der Leitung kein Spannungsgefälle besteht, kann dort auch kein Strom fließen.

Zu 18) B. am Strom und an der Spannung.

Den Schlag bekommt Anna deswegen, weil Strom durch ihren Körper fließt. Damit der Strom aber überhaupt fließen kann, muss eine Spannung (ein Ladungsgefälle) bestehen – wie im gegebenen Beispiel zwischen Weidezaun und Erdboden.

Zu 19) B. hängt von seiner Temperatur ab.

Als Halbleiter bezeichnet man Feststoffe, deren Leitfähigkeit stark temperaturabhängig ist. Im Bereich des absoluten Nullpunkts bei 0 Kelvin bzw. –273,15 Grad Celsius sind Halbleiter Isolatoren, ihre Leitfähigkeit wächst erst mit steigenden Temperaturen. Ein bekannter Halbleiter ist das Element Silizium.

Zu 20) A. Das Radio und der Fernseher funktionieren weiter.

Wenn sich die Geräte in Parallelschaltung befinden, wird nur der Stromkreis unterbrochen, in dem sich die Lampe befindet. Alle weiteren parallel verlaufenden Stromkreise bleiben intakt. Das Radio und der Fernseher funktionieren daher problemlos weiter.

Handwerk (Aufgaben 21–35)

Zu 21) A. Stecker und Steckdosen

Viele Stecker und Steckdosen in Europa sind mit einem Schuko-System (Schutzkontakt-System) ausgestattet: Zusätzlich zu Außenleiter und Nullleiter verfügen sie über einen dritten Pol als Schutzkontakt, der Fehlerströme ableiten soll.

Zu 22) A. Rundschrauben

Je nach Kopfform unterscheidet man Sechskantschrauben, Zylinderschrauben mit Innensechskant, Senkschrauben mit Innensechskant, Schrauben mit Kreuzschlitz oder Schlitzschrauben. Die Kategorie „Rundschrauben" ist dagegen unüblich.

Zu 23) B. 4,2 mm

Das Kürzel „M" zeigt an, dass es sich um metrische Maße handelt. Die Folgeziffer gibt den Außendurchmesser des Gewindes in Millimetern an, in diesem Fall also 5 Millimeter. Mit einem 5-Millimeter-Bohrer wäre das Kernloch aber exakt so groß wie der Außendurchmesser einer Schraube mit M 5-Gewinde, diese würde also überhaupt keinen Halt mehr finden. Ein 2,2-Millimeter-Kernloch wäre wiederum zu klein. Das für ein M 5-Gewinde geeignete Kernloch hat einen Durchmesser von 4,2 Millimetern.

Zu 24) D. Handwerksinnung

Der freiwillige Zusammenschluss selbstständiger Handwerker eines Handwerks in einem Bezirk ist die Handwerksinnung. Die Innung kümmert sich um die gemeinsamen Belange ihrer Mitglieder, indem sie unter anderem die gemeinsamen gewerblichen Interessen ihrer Mitglieder vertritt, die Zusammengehörigkeit der Handwerker pflegt und die Ausbildung des Nachwuchses überwacht. Was die Innung im Handwerk ist, sind für andere gewerbliche und unternehmerische Bereiche die ebenfalls regionalen Industrie- und Handelskammern. Eine Gewerkschaft wiederum ist ein Interessenverband von Arbeitnehmern.

Zu 25) B. Der Durchmesser beträgt 4 mm, die Gewindesteigung 1,5 mm.

Das Kürzel „M" zeigt an, dass es sich um metrische Maße handelt. Die Folgeziffer gibt den Außendurchmesser des Gewindes in Millimetern an. Die letzte Zahl schließlich steht für die Gewindesteigung – d. h. für den Weg, den das Gewinde bei einer vollständigen Umdrehung vorwärts bzw. rückwärts bewegt wird. In diesem Fall handelt es sich also um ein Gewinde mit 4 Millimetern Außendurchmesser und 1,5 Millimetern Steigung.

Zu 26) D. Bauteile fest zu verspannen.

Muttern und Schrauben mit Befestigungsgewinden werden eingesetzt, um Bauteile fest miteinander zu verspannen. Für Befestigungsgewinde werden eingängige Spitzgewinde verwendet, um ein selbstständiges Lösen der verbundenen Teile zu verhindern. Der große Flankenwinkel, verbunden mit einem kleinen Steigungswinkel, ergibt bei diesen Gewinden eine besonders hohe Reibungskraft.

Zu 27) B. Die Steigung beim Feingewinde ist kleiner.

Die Oberfläche ist bei Normalgewinden weder zwingend glatter noch stabiler. Die Gewinde unterscheiden sich in der Steigung: Feingewinde haben eine geringere Steigung als Normalgewinde. Diese wiederum wiesen eine geringere Steigung auf als Steilgewinde, mit denen durch relativ wenige Umdrehungen weite Bewegungen ausgeführt werden können.

Zu 28) C. Langfedern

Je nach der Art ihrer inneren Belastung lassen sich Federn generell in Biege-, Torsions-, Zug- und Gasfedern unterteilen. Zur Gruppe der Biegefedern zählen beispielsweise Blattfedern, die meist aus einem bogenförmig vorgespannten Metallband bestehen. Schraubenfedern – wie sie zum Beispiel in Kugelschreibern eingesetzt werden – sind gewundene Torsionsfedern, bei denen der Federdraht nicht gebogen, sondern verdreht wird. Unter anderem in den Puffern von Eisenbahnen werden Ringfedern eingebaut, deren Federringe sich unter Belastung ineinander schieben. Eine Einteilung in „Langfedern" ist jedoch nicht üblich.

Zu 29) B. Durch grundsätzlich geringeren Platzverbrauch

Da sich bei Riemenführungen der Treibriemen unter Belastung ausdehnt, kommt es zum Schlupf: Der Riemen rutscht leicht über die Riemenscheiben. Kettenführungen gewährleisten eine bessere Kraftübertragung und sind unempfindlicher gegen äußere Einflüsse wie etwa hohe Temperaturen. Sie müssen jedoch nicht unbedingt platzsparender sein als Riemenführungen.

Zu 30) D. Gewichtssenkung des Endprodukts

Im Vergleich zum Schweißen verbraucht das Nieten weniger Energie, es verändert das Materialgefüge nicht und es gibt keine gesundheitsgefährdende Gas-, Licht- und Wärmeentwicklung. Außerdem kann man dadurch auch unterschiedliche Werkstoffe fügen oder solche mit veredelten (polierten, beschichteten) Oberflächen. Das Endprodukt wird durch das Nieten jedoch nicht leichter, sondern schwerer.

Zu 31) A. Wechselschaltung

Antwort A stimmt; der Elektroinstallateur sollte eine Wechselschaltung einbauen. Diese Schaltungsweise erlaubt das unabhängige Ein- und Ausschalten eines elektrischen Betriebsmittels von zwei verschiedenen Stellen aus. Bei einer Serienschaltung werden zwei Verbraucher per Doppel-Schalter (Serienschalter) bedient. Eine Tandemschaltung findet sich bei in Reihe geschalteten Leuchtstofflampen.

Zu 32) B. Max sollte das Messgerät in Reihe zum Verbraucher schalten.

Ein Strommessgerät misst den Strom an der Stelle des Stromkreises, an der es eingesetzt wird. Um den Stromverbrauch der Waschmaschine zu überwachen, muss Max das Instrument also in Reihe zu ihr schalten. Hätte es Max hingegen auf die Spannung abgesehen, müsste er das entsprechende Messgerät parallel schalten.

Zu 33) A. Wellen übertragen Energie, Achsen nicht.

Wellen übertragen Drehbewegungen und Drehmomente – also Energie, im Gegensatz zu Achsen, die eine reine Trag- oder Lagerfunktion haben. In einem Kraftfahrzeug beispielsweise wandelt die Kurbelwelle die Auf- und Ab-Bewegungen der Kolben im Motor in eine Drehbewegung um und überträgt diese an das Getriebe. Von dort aus wird die Bewegung wiederum über eine Antriebswelle an die

Räder weitergegeben, die schließlich auf Achsen gelagert sind.

Zu 34) B. Um eine Übersetzung entstehen zu lassen

Die Kettenräder (Zahnräder) haben verschiedene Größen, damit eine Übersetzung entsteht. Das Übersetzungsverhältnis wird bestimmt durch die Anzahl der Zähne der Kettenräder, die beim Fahrrad auch „Kettenblatt" und „Ritzel" genannt werden. Je größer der Unterschied in der Anzahl ihrer Zähne ist, desto größer ist die Kraft, die der Fahrer pro Tritt aufwenden muss, und desto länger ist die pro Umdrehung des Kettenblatts zurückgelegte Strecke.

Zu 35) C. die Verbindung langfristig stabil bleibt.

Die Nieten sollten möglichst aus dem gleichen Material bestehen wie die zu verbindenden Bauteile, da sich die einzelnen Komponenten bei Erwärmung sonst unterschiedlich stark ausdehnen könnten – die Folge: Die Verbindung lockert sich. Außerdem kann es bei der Verwendung unterschiedlicher Komponenten zur elektrochemischen Korrosion kommen. Dann fließt in Anwesenheit eines Elektrolyten (Wasser, Luftfeuchtigkeit) ein elektrischer Strom zwischen den Komponenten, der das Material angreift und dauerhaft schwächt.

Praktisches Verständnis (Aufgaben 36–50)

Zu 36) D. Nur Glühlampe D

Damit eine Lampe leuchten kann, muss sie sich in einem geschlossenen Stromkreis befinden. Um einen Stromkreis zu schließen, muss eine durchgängige Verbindung von und zu der durch zwei schwarze Punkte symbolisierten Spannungsquelle hergestellt werden. Sobald man die Schalter 1 und 4 schließt, befinden sich die Lampen A und D in einem funktionsfähigen Stromkreis; da aber Lampe A einen zusätzlichen Widerstand darstellt und der Strom diesen Widerstand über den geschlossenen Schalter 4 umgehen kann, leuchtet schließlich nur Glühlampe D.

Zu 37) A. Mit Schraubenschlüssel 1

Um die Schraubenmutter mit möglichst wenig Mühe festzuziehen, benötigt man einen Schraubenschlüssel mit einer großen Hebelwirkung. Das heißt: Der Griff des Schraubenschlüssels sollte so lang wie möglich sein. Schraubenschlüssel 1 ist demnach der geeignetste.

Zu 38) C. Die Glühlampen B und C leuchten unverändert weiter.

Bei einer Parallelschaltung wie dem Stromkreis im Haushalt liegt an allen Verbrauchern die gleiche Spannung an, unabhängig davon, ob ein Verbraucher ausfällt oder hinzukommt. Ist die Glühlampe A defekt, ändert sich für die anderen Lampen nichts: Sie leuchten unverändert weiter, denn Stromstärke, Spannung und Leistung bleiben gleich.

Zu 39) A. Auf das linke Zahnrad

Ein Antriebsriemen bewegt sich mit der gleichen Eigengeschwindigkeit um jedes der mit ihm verbundenen Antriebsräder. Verbindet er zwei gleich große Räder, laufen beide gleich schnell. Verbindet er jedoch Räder unterschiedlicher Größe, läuft das kleinere stets schneller um die eigene Achse als das größere: Wenn sich beispielsweise ein Rad mit einem Umfang von einem Meter einmal dreht, wird auch der Riemen um einen Meter weiterbewegt. Überträgt er nun diese Bewegung auf ein Rad mit einem Umfang von nur einem halben Meter, muss dieses Rad folgerichtig zweimal vollständig rotieren. Damit sich die untere Achse schneller dreht, muss demnach das kleine Zahnrad links gewählt werden.

Zu 40) A. Die Glühlampen B und C erlöschen ebenfalls.

Durch einen Defekt einer der Glühlampen wird der Stromkreis unterbrochen, da es sich im skizzierten Fall um eine Reihenschaltung handelt. Die Lampen B und C erlöschen demnach ebenfalls.

Zu 41) A. Schalter 1

Um einen Stromkreis zu schließen – und somit funktionsfähig zu machen –, muss eine durchgängige Verbindung von und zu der durch zwei schwarze Punkte symbolisierten Spannungsquelle hergestellt werden. Diese durchgängige Verbindung ergibt sich, wenn Schalter 1 geschlossen wird.

Zu 42) B. Sie bewegt sich nach rechts.

Die Luftblase steigt in der Flüssigkeit stets nach oben (entgegen der Erdanziehung). Stellt man die Waage auf die nach links geneigte Ebene, wandert die Luftblase im fachsprachlich „Libelle" genannten Röhrchen nach rechts.

Zu 43) C. Hin und her

Dreht sich das Antriebsrad in Pfeilrichtung, dann rotiert das Rad links davon in entgegengesetzter Richtung. Dies ist jedoch in dieser Aufgabe nicht wirklich von Bedeutung: Über die Pleuelstange am Rad unterhalb des Antriebsrads wird sowieso keine Kreisbewegung, sondern nur eine auf-/ab- bzw. links-/rechts-Bewegung an das große Rad weitergegeben. Pro Umdrehung des Antriebsrads zieht nun die Pleuelstange das große Rad einmal etwas nach rechts, bevor sie es daraufhin wieder leicht nach links schiebt – das große Rad bewegt sich also hin und her.

Zu 44) A. Schalter 1 und 2

Damit eine Lampe leuchten kann, muss sie sich in einem geschlossenen Stromkreis befinden. Um einen Stromkreis zu schließen, muss eine durchgängige Verbindung von und zu der durch zwei schwarze Punkte symbolisierten Spannungsquelle hergestellt werden. Sollen nun genau zwei Glühbirnen leuchten, dürfen sich demnach die übrigen Birnen nicht in einem geschlossenen Stromkreis befinden. Dieser Zustand ergibt sich, wenn die Schalter 1 und 2 geschlossen werden.

Zu 45) D. 1 und 3

In der Skizze wird ein einfacher Stromkreis aus Widerstand (Lampen), Verbindungen (Kabel, Drähte) und Spannungsquelle (Batterien) dargestellt. Damit Strom fließen und eine Lampe leuchten kann, muss zunächst der entsprechende Stromkreis geschlossen werden. Dies kann z. B. durch die Verbindung von 1 und 2 geschehen – dann würden zwei Lampen, gespeist von vier Batterien, gleich hell leuchten. Durch den Kurzschluss von 1 und 3 würden sich wiederum die beiden rechten Lampen in einem funktionsfähigen Stromkreis befinden: Da die zweite Lampe von rechts zusätzlich zum Vierer-Batterieblock noch durch eine in Parallelschaltung gesetzte Batterie gespeist wird, erstrahlt diese am hellsten.

Zu 46) B. 30 Ω

Abgebildet ist der Schaltkreis einer Reihenschaltung, bei der sich der Gesamtwiderstand durch die Addition der Einzelwiderstände berechnet:

$R_{gesamt} = R_1 + R_2 = 10\,\Omega + 20\,\Omega = 30\,\Omega$

Der Gesamtwiderstand beträgt 30 Ohm.

Zu 47) B. Wie in Skizze 2

Die zwei Platten (Elektroden) eines Kondensators speichern unterschiedliche Ladungen: Eine Platte ist positiv, die andere negativ geladen. Der zwischenliegende Isolator – in diesem Fall das Glas – verhindert, dass es zu einem Ladungsaustausch kommt. Das Glas wird dabei polarisiert, d. h. zur Positiv-Elektrode hin negativ und zur Negativ-Elektrode hin positiv geladen.

Zu 48) D. Bei A4

Abgebildet ist der Schaltkreis einer Parallelschaltung, bei der grundsätzlich gilt: Die Spannung, die in den einzelnen Zweigen der Parallelschaltung anliegt, ist stets gleich groß und entspricht der Gesamtspannung des Stromkreises. Die Stromstärke jedoch teilt sich auf. Unabhängig davon, welche Stromstärken nun an den Stellen A1, A2 und A3 genau gemessen werden können, lässt sich also sagen, dass die Stromstärke bei A4 auf jeden Fall am größten sein muss.

Zu 49) D. 5 Ω

Abgebildet ist der Schaltkreis einer Parallelschaltung, bei der sich der Gesamtwiderstand wie folgt berechnet:

$$\frac{1}{R_{gesamt}} = \frac{1}{R_1} + \frac{1}{R_2} = \frac{1}{10\,\Omega} + \frac{1}{10\,\Omega}$$

$$= \frac{2}{10\,\Omega} = \frac{1}{5\,\Omega}$$

$R_{gesamt} = 5\,\Omega$

Der Gesamtwiderstand beträgt 5 Ohm.

Zu 50) C. 40 V

Es gilt das ohmsche Gesetz:

U (elektrische Spannung) = R (elektrischer Widerstand) × I (elektrischer Strom)

Laut Aufgabenstellung also:

$U_1 = 10\,\Omega \times I_1$

$U_2 = 20\,\Omega \times I_2$

Da es sich in dieser Aufgabe um eine Reihenschaltung handelt, bei der durch alle Widerstände derselbe Strom fließt ($I_1 = I_2$), verdoppelt sich mit dem Widerstand auch die Spannung. Am zweiten Widerstand liegen also 40 Volt an.

Arbeitssicherheit (Aufgaben 51–60)

Zu 51) D. Explosionsgefährlicher Stoff

Dieses Piktogramm ist ein Gefahrstoffsymbol und kennzeichnet explosionsgefährliche Stoffe, die besonders vorsichtig gehandhabt werden müssen. Die Kennzeichnung von Gefahrstoffen wird in Deutschland durch die Gefahrstoffverordnung geregelt und ist mittlerweile europaweit standardisiert.

Zu 52) C. Durchgang für Unbefugte untersagt

Dieses Piktogramm ist ein Verbotszeichen, das Unbefugten den Zutritt auf das gekennzeichnete Areal verbietet. Verbotszeichen richten sich in Deutschland nach der Unfallverhütungsvorschrift der Berufsgenossenschaften.

Zu 53) B. Feuerlöscher

Dieses Piktogramm ist ein Brandschutzzeichen und markiert den Standort eines Feuerlöschers. Brandschutzzeichen richten sich in Deutschland nach der Verordnung für Brandschutz und Gefahrenzeichen.

Zu 54) B. Gehörschutz tragen

Dieses Piktogramm ist ein Gebotszeichen, das zum Tragen eines Gehörschutzes auffordert. Gebotszeichen dienen allgemein zur Unfallverhütung und zum Gesundheitsschutz und richten sich nach der Unfallverhütungsvorschrift der Berufsgenossenschaften.

Zu 55) D. Gefährliche elektrische Spannung

Dieses Piktogramm warnt vor gefährlicher elektrischer Spannung. Warnzeichen kennzeichnen Hindernisse und Gefahrstellen; ihr Aussehen und ihre Anbringung werden in Deutschland durch die Unfallverhütungsvorschrift der Berufsgenossenschaften geregelt.

Zu 56) D. Laserstrahlung

Dieses Piktogramm warnt vor Laserstrahlung. Warnzeichen kennzeichnen Hindernisse und Gefahrstellen; ihr Aussehen und ihre Anbringung werden in Deutschland durch die Unfallverhütungsvorschrift der Berufsgenossenschaften geregelt.

Zu 57) A. Schutzerdung

Dieses Symbol kennzeichnet eine Schutzerdung, eine leitfähige Verbindung mit dem elektrischen Potenzial des Erdbodens, die unerwünschte Ströme ableitet und dadurch Menschen, Geräte und Gebäude schützt.

Zu 58) B. Notruftelefon

Dieses Piktogramm ist ein Rettungszeichen und markiert den Standort eines Notruftelefons. Rettungszeichen richten sich in Deutschland nach der Unfallverhütungsvorschrift der Berufsgenossenschaften.

Zu 59) C. Schutzhandschuhe tragen

Dieses Piktogramm ist ein Gebotszeichen, das zum Tragen von Schutzhandschuhen auffordert. Gebotszeichen dienen allgemein zur Unfallverhütung und zum Gesundheitsschutz und richten sich nach der Unfallverhütungsvorschrift der Berufsgenossenschaften.

Zu 60) A. Verbot von offenem Feuer

Dieses Piktogramm ist ein Verbotszeichen, das das Entfachen eines offenen Feuers verbietet. Verbotszeichen richten sich in Deutschland nach der Unfallverhütungsvorschrift der Berufsgenossenschaften.

Sprachbeherrschung

Welche Schreibweise stimmt? *Bearbeitungszeit 5 Minuten*

In diesem Abschnitt werden Ihre Rechtschreibkenntnisse geprüft.

Wie wird das Wort richtig geschrieben? Beantworten Sie bitte die folgenden Aufgaben, indem Sie jeweils den Lösungsbuchstaben der richtigen Schreibweise markieren.

1)

A. Formulahr
B. Vormular
C. Vormulahr
D. Formular
E. Keine Antwort ist richtig.

2)

A. Grafik
B. Graffik
C. Grafig
D. Grafick
E. Keine Antwort ist richtig.

3)

A. Oblate
B. Oblatte
C. Oblat
D. Oblatt
E. Keine Antwort ist richtig.

4)

A. Maschiene
B. Maschine
C. Machine
D. Machiene
E. Keine Antwort ist richtig.

5)

A. Zeremonnie
B. Zerremonie
C. Zäremonie
D. Zeremonie
E. Keine Antwort ist richtig.

6)

A. Hallogen
B. Halogeen
C. Halogen
D. Hallogeen
E. Keine Antwort ist richtig.

7)

A. Manuskrippt
B. Manusskript
C. Mahnuskript
D. Manuskript
E. Keine Antwort ist richtig.

8)

A. Imobilien
B. Immobilien
C. Immobillien
D. Imobilen
E. Keine Antwort ist richtig.

9)

A. Gynekologen
B. Gynäkollogen
C. Gynekollogen
D. Gynäkologen
E. Keine Antwort ist richtig.

10)

A. Maschienenbauingenieur
B. Maschinenbauingenieur
C. Maschinenbauingeneur
D. Maschienenbauingeneur
E. Keine Antwort ist richtig.

Rechtschreibung: Wortgruppen und kurze Sätze

Bearbeitungszeit 10 Minuten

Beantworten Sie bitte die folgenden Aufgaben, indem Sie jeweils den korrekt geschriebenen Lösungsvorschlag markieren.

11)

A. Bundesrepublik Deuschland
B. Bundesrepuplik Deuschland
C. Bundesrepuplik Deutschland
D. Bundesrepublik Deutschland
E. Keine Antwort ist richtig.

12)

A. starkes Rückgrat
B. starckes Rückrat
C. starkes Rückrad
D. starckes Rückrad
E. Keine Antwort ist richtig.

13)

A. Thunfische ernähren sich von Krebstieren.
B. Tuenfische ernähren sich von Krebstieren.
C. Thunfische ernähren sich von Krebstiren.
D. Tunfische ernähren sich von Krebstiren.
E. Keine Antwort ist richtig.

14)

A. Es geht Früh am Morgen los.
B. Es geht früh am Morgen los.
C. Es geht Früh am morgen los.
D. Es geht früh am morgen los.
E. Keine Antwort ist richtig.

15)

A. „Krise" ist in der Medizien ein Fachbegriff.
B. „Kriese" ist in der Medizien ein Fachbegriff.
C. „Krise" ist in der Medizin ein Fachbegriff.
D. „Kriese" ist in der Medizin ein Fachbegriff.
E. Keine Antwort ist richtig.

16)

A. scharmante Lady
B. charmante Lady
C. charmante Ledy
D. scharmante Ladie
E. Keine Antwort ist richtig.

17)

A. Die Schahle schält man besser ab.

B. Die Schale schält man besser ab.

C. Die Schahle schelt man besser ab.

D. Die Schale schelt man besser ab.

E. Keine Antwort ist richtig.

18)

A. Der Schef amüsierte sich mit dem Pförtner.

B. Der Chef amüsierte sich mit dem Pförtner.

C. Der Chef amüssierte sich mit dem Pförtner.

D. Der Chef amüsierte sich mit dem Förtner.

E. Keine Antwort ist richtig.

19)

A. kurze Widerholung

B. kurtze Widerholung

C. kurtze Wiederholung

D. kurze Wiederholung

E. Keine Antwort ist richtig.

20)

A. inventurverhütende Masnahmen

B. inventurverhütende Massnamen

C. inventurverhütende Maßnahmen

D. inwenturverhütende Maßnahmen

E. Keine Antwort ist richtig.

Rechtschreibung Lückentext *Bearbeitungszeit 5 Minuten*

Bitte füllen Sie jede Lücke mit demjenigen Ausdruck, der den Satz sinnvoll und fehlerfrei vervollständigt.

21) das | dass

Es ist schön, ________ du kommen konntest!

22) wiederstanden | widerstanden

Er hat der Versuchung ________.

23) morgen Abend | Morgen abend

Können wir uns ________ ________ treffen?

24) Tip | Tipp

Ein Bekannter hat mir einen guten ________ gegeben.

25) platziert | plaziert

Er hat das Geschenk mitten im Raum ________.

26) symphatisch | sympathisch

Sie waren sich einfach nicht ________.

27) Greuel | Gräuel

Spinnen sind ihr ein ________.

28) todkrank | totkrank

Der Opa ist ________.

29) eislaufen | Eis laufen

Wir wollen nachher ________ ________ gehen.

30) zuzusehen | zu zu sehen

Hilf lieber mit, anstatt nur ________!

Groß- und Kleinschreibung *Bearbeitungszeit 10 Minuten*

Groß oder klein – welche Schreibweise stimmt?

Beantworten Sie bitte die folgenden Aufgaben, indem Sie jeweils den Lösungsbuchstaben des richtig geschriebenen Satzes markieren.

31)

A. Das Singen macht der Gruppe sehr viel Spaß.
B. Das singen macht der Gruppe sehr viel Spaß.
C. Das Singen macht der gruppe sehr viel Spaß.
D. Das Singen macht der gruppe sehr viel spaß.
E. Keine Antwort ist richtig.

32)

A. Sie hat Drei Zweier im Zeugnis.
B. Sie hat drei Zweier im Zeugnis.
C. Sie hat Drei zweier im Zeugnis.
D. Sie hat drei zweier im Zeugnis.
E. Keine Antwort ist richtig.

33)

A. Beim spielen fiel sie auf den Boden.
B. Beim Spielen fiel sie auf den Boden.
C. Beim spielen fiel sie auf den boden.
D. Beim Spielen fiel sie auf den boden.
E. Keine Antwort ist richtig.

34)

A. Sie bekommt sofort Angst.
B. Sie bekommt sofort angst.
C. Sie bekommt Sofort Angst.
D. Sie bekommt Sofort angst.
E. Keine Antwort ist richtig.

35)

A. Ludwig der Vierzehnte war ein kluger Mann.
B. Ludwig der vierzehnte war ein kluger Mann.
C. Ludwig der vierzehnte war ein Kluger Mann.
D. Ludwig der Vierzehnte war ein Kluger Mann.
E. Keine Antwort ist richtig.

36)

A. In der Besprechung wurde Verschiedenes behandelt.
B. In der Besprechung wurde verschiedenes behandelt.
C. In der besprechung wurde Verschiedenes behandelt.
D. In der besprechung wurde verschiedenes behandelt.
E. Keine Antwort ist richtig.

37)

A. Die Untersuchung ergab nichts Neues.

B. Die Untersuchung ergab nichts neues.

C. Die Untersuchung ergab Nichts Neues.

D. Die Untersuchung ergab Nichts neues.

E. Keine Antwort ist richtig.

38)

A. Das muss jeder einzelne für sich am besten wissen.

B. Das muss jeder Einzelne für sich am besten wissen.

C. Das muss jeder einzelne für sich am Besten wissen.

D. Das muss jeder Einzelne für sich am Besten wissen.

E. Keine Antwort ist richtig.

39)

A. Alles übrige wird am Montag besprochen.

B. Alles Übrige wird am Montag besprochen.

C. Alles übrige wird am montag besprochen.

D. Alles Übrige wird am montag besprochen.

E. Keine Antwort ist richtig.

40)

A. in bezug auf das schreiben

B. in bezug auf das Schreiben

C. in Bezug auf das schreiben

D. in Bezug auf das Schreiben

E. Keine Antwort ist richtig.

Infinitive bilden

Bearbeitungszeit 5 Minuten

Sie erhalten konjugierte Verben. Ihre Aufgabe besteht darin, jeweils den Infinitiv Präsens (Grundform) im nebenstehenden Feld einzutragen.

41) tranken ____________________

42) will ____________________

43) flöge ____________________

44) geflossen ____________________

45) riet ____________________

46) gewusst ____________________

47) ließ ____________________

48) darfst ____________________

49) hielt ____________________

50) saß ____________________

51) magst ____________________

52) vorgeworfen ____________________

53) geklungen ____________________

54) richtest ____________________

55) zöge ____________________

Vorsilben einsetzen

Bearbeitungszeit 5 Minuten

Welche Vorsilbe passt zum Verb?

Beantworten Sie bitte die folgenden Aufgaben, indem Sie jeweils den richtigen Lösungsbuchstaben markieren.

56) __folgen

A. bei-
B. zer-
C. an-
D. ver-
E. Keine Antwort ist richtig.

57) __tasten

A. ab-
B. zer-
C. fort-
D. bei-
E. Keine Antwort ist richtig.

58) __greifen

A. ent-
B. bei-
C. be-
D. fort-
E. Keine Antwort ist richtig.

59) __wickeln

A. ent-
B. zer-
C. bei-
D. er-
E. Keine Antwort ist richtig.

60) __malen

A. zer-
B. bei-
C. ent-
D. be-
E. Keine Antwort ist richtig.

61) __treffen

A. vor-
B. bei-
C. an-
D. ent-
E. Keine Antwort ist richtig.

62) __schwimmen

A. ver-
B. bei-
C. zer-
D. be-
E. Keine Antwort ist richtig.

63) __gleichen

A. zer-
B. ab-
C. bei-
D. fort-
E. Keine Antwort ist richtig.

64) __denken

A. ab-
B. ent-
C. fern-
D. an-
E. Keine Antwort ist richtig.

65) __husten

A. ein-
B. ent-
C. ab-
D. fort-
E. Keine Antwort ist richtig.

Präpositionen

Bearbeitungszeit 5 Minuten

Welche Präposition füllt die Lücke sinnvoll und grammatisch korrekt?

Beantworten Sie bitte die folgenden Aufgaben, indem Sie die jeweils richtige Präposition eintragen.

66) über, wegen, mit

Ich freue mich ________ unseren Besuch!

67) Laut, Trotz, Neben

________ der Panne war es ein gelungener Abend!

68) In, Seit, Während

________ des Films fiel plötzlich der Strom aus.

69) außer, ohne, mit

Onkel Horst kam ________ seinen kleinen Dackel.

70) In, An, Auf

________ der Situation habe ich mich wirklich gefürchtet!

71) statt, während, vor

Ich werde ________ der Prüfung eine halbe Stunde meditieren.

72) in, am, neben

Sie hat ________ Shoppingcenter ihre Kreditkarte verloren.

73) in, außer, bei

Er war vor Empörung ________ sich!

74) an, zu, durch

Sie liebt alles ________ ihm.

75) mit, laut, zu

Ich möchte ________ dem Thema noch etwas sagen!

Satzgrammatik

Bearbeitungszeit 5 Minuten

Die folgenden Fragen testen Ihr grammatisches Grundwissen.

Beantworten Sie bitte die folgenden Aufgaben, indem Sie jeweils den richtigen Lösungsbuchstaben markieren.

76) Welches Wort ist nicht maskulin?

A. Wert
B. Gang
C. Hof
D. Kleidung
E. Schuhe

77) Welches Wort steht im Nominativ?

A. der Schulleiter
B. den Frauen
C. der Ente
D. einem Strauch
E. einen Hasen

78) Welcher Ausdruck ist das Subjekt des Satzes „Die Entscheidung über das umstrittene Gesetz wird seit Tagen mit Spannung erwartet"?

A. Die Entscheidung über das umstrittene Gesetz
B. Die Entscheidung
C. das umstrittene Gesetz
D. seit Tagen mit Spannung
E. Spannung

79) Welches Wort ist ein Artikel?

A. was
B. dem
C. es
D. mit
E. über

80) Welches Wort ist kein Pronomen?

A. ich
B. uns
C. sein
D. er
E. in

81) Welches Wort ist ein Adverb?

A. schrittweise
B. bemerkenswert
C. Schiebung
D. unter
E. frieren

82) Welcher Satz steht im Futur II?

A. Er wird essen.
B. Sie wird essen gehen.
C. Wir gehen morgen essen.
D. Ihr werdet gegessen haben.
E. Du hast gegessen.

83) Welches Wort ist eine Konjunktion?

A. weil
B. ich
C. das
D. so
E. will

84) Welches Wort steht im Präteritum?

A. mochte
B. stören
C. wolle
D. belogen
E. gedacht

85) Welches Wort steht im Partizip Präsens?

A. versprochen
B. super
C. lohnend
D. schwor
E. jauchzen

Grammatik: Kurze Sätze *Bearbeitungszeit 5 Minuten*

Welcher Satz ist grammatisch korrekt gebildet?

Beantworten Sie bitte die folgenden Aufgaben, indem Sie jeweils den richtigen Lösungsbuchstaben markieren.

86)

A. Statt zu verreisen, blieb ich lieber zu Hause.
B. Statt zu verreisen, bleibte ich lieber zu Hause.
C. Statt zu verreisen, bin ich lieber zu Hause gebleibt.
D. Statt zu verreisen, habe ich lieber zu Hause geblieben.
E. Keine Antwort ist richtig.

87)

A. Nach einen ausgedehnten Spaziergang sitzte sie sich erst einmal hin.
B. Nach einem ausgedehnten Spaziergang saß sie sich erst einmal hin.
C. Nach einem ausgedehnten Spaziergang setzte sie sich erst einmal hin.
D. Nach einen ausgedehnten Spaziergang setzt sie sich erst einmal hin.
E. Keine Antwort ist richtig.

88)

A. Als ich im Herbst nach Hause kommte, fielen schon die Blätter von den Bäumen.
B. Als ich im Herbst nach Hause kam, fällten schon die Blätter von den Bäumen.
C. Als ich im Herbst nach Hause gekommen bin, sind schon die Blätter von den Bäumen gefallt.
D. Als ich im Herbst nach Hause kam, fielen schon die Blätter von den Bäumen.
E. Keine Antwort ist richtig.

89)

A. Ich freue mich, unser neue Kollege begrüßen zu dürfen.
B. Ich freue mich, unseren neuen Kollegen begrüßen zu dürfen.
C. Ich freue mich, unserem neuen Kollegen begrüßen zu dürfen.
D. Ich freue mich, unseren neuen Kollegen zu begrüßen zu dürfen.
E. Keine Antwort ist richtig.

90)

A. Entgegen seinem guten Vorsatz hat er ständig zu schnell gefahren.

B. Entgegen seines guten Vorsatzes fuhr er ständig zu schnell.

C. Entgegen seinem guten Vorsatz ist er ständig zu schnell gefahren.

D. Entgegen seine guten Vorsatz fährt er ständig zu schnell.

E. Keine Antwort ist richtig.

91)

A. Dieses Problem haben viele Leute in bestimmten Situationen.

B. Dieses Problem hat viele Leute in bestimmten Situationen.

C. Dieser Problem hat viele Leute in bestimmten Situationen.

D. Diesen Problem haben viele Leute in bestimmten Situationen.

E. Keine Antwort ist richtig.

92)

A. Vorgestern scheinte die Sonne.

B. Vorgestern hat die Sonne gescheint.

C. Vorgestern schien die Sonne.

D. Vorgestern hatte die Sonne geschient.

E. Keine Antwort ist richtig.

93)

A. Hättest du geschwiegen gehabt, würde die Angelegenheit glimpflicher ausgegangen sein.

B. Hast du geschwiegen, wäre die Angelegenheit glimpflicher ausgegangen.

C. Hättest du geschwiegen, ist die Angelegenheit glimpflicher ausgegangen.

D. Hättest du geschwiegen, wäre die Angelegenheit glimpflicher ausgegangen.

E. Keine Antwort ist richtig.

94)

A. Angesichts ihrer Qualitäten dürfte ihr die Aufgabe nicht schwerfallen.

B. Angesichts ihren Qualitäten dürfte ihr die Aufgabe nicht schwerfallen.

C. Angesichts ihrer Qualitäten dürfte ihr die Aufgabe nicht schwer fallen.

D. Angesichts ihren Qualitäten dürfte ihr die Aufgabe nicht schwer fallen.

E. Keine Antwort ist richtig.

95)

A. Als versierter Kenner griechischer Heldensagen kamen ihm Zweifel ob der Schlichtheit dieses Werks.

B. Als versiertem Kenner griechischer Heldensagen kamen ihm Zweifel ob der Schlichtheit dieses Werks.

C. Als versierte Kenner griechische Heldensagen kamen ihm Zweifel ob die Schlichtheit dieses Werks.

D. Als versierten Kennern griechischen Heldensagen kamen ihm Zweifel ob der Schlichtheit dieses Werks.

E. Keine Antwort ist richtig.

Sinnverwandte Begriffe

Bearbeitungszeit 5 Minuten

Finden Sie das Synonym: Welches Wort kommt dem vorgegebenen Begriff sinngemäß am nächsten? Bitte markieren Sie jeweils den zugehörigen Lösungsbuchstaben.

96) aristokratisch

A. reich
B. kläglich
C. adlig
D. hochkarätig
E. elegant

97) Inbrunst

A. Gier
B. Desinteresse
C. Leidenschaft
D. Vorgabe
E. Inhalt

98) Juwel

A. Kalorie
B. Schmuckstück
C. Detail
D. Freude
E. Masse

99) Mäzen

A. Macke
B. Gönner
C. Geliebte
D. Angewohnheit
E. Pfannkuchen

100) frönen

A. sich widmen
B. sich freuen
C. sich ärgern
D. sich schämen
E. sich verstecken

101) Gelübde

A. Geheimnis
B. Schriftstück
C. Wette
D. Antwort
E. Schwur

102) radikal

A. extrem
B. illegal
C. gefährlich
D. tabulos
E. negativ

103) Gebaren

A. Gabe
B. Hilfe
C. Benehmen
D. Versprechen
E. Äußerung

104) Fanfare

A. Flaggenparade
B. Wappen
C. Trompetenstoß
D. Fackelzug
E. Rüstung

105) verpachten

A. verpacken
B. schenken
C. vermieten
D. verleihen
E. verabscheuen

Ein Wort fällt aus der Reihe *Bearbeitungszeit 5 Minuten*

In diesem Abschnitt steht Ihr Sprachgefühl auf dem Prüfstand.

Pro Aufgabe erhalten Sie fünf Wörter, wovon vier sich in einer gewissen Weise entsprechen. Ein Begriff passt nicht in die Reihe – bitte markieren Sie den zugehörigen Lösungsbuchstaben.

Hierzu ein Beispiel

Aufgabe

1)

A. Motorrad
B. Personenkraftwagen
C. Lastkraftwagen
D. Traktor
E. Rose

Antwort

(E.) Rose

Bei den ersten vier Antworten handelt es sich um Kraftfahrzeuge. Bei der fünften Antwort handelt es sich um eine Pflanze. „Rose" passt nicht – Lösungsbuchstabe ist daher das E.

Bitte bearbeiten Sie nun die Aufgaben: Markieren Sie jeweils den Lösungsbuchstaben des aus der Reihe fallenden Wortes.

106)

A. Gehör
B. Ohr
C. Augen
D. hören
E. Taubheit

107)

A. Bolzen
B. Nagel
C. Dübel
D. Bohrmaschine
E. Schraube

108)

A. argwöhnisch
B. kritisch
C. misstrauisch
D. zweifelnd
E. gläubig

109)

A. springen
B. schwimmen
C. fliegen
D. rennen
E. sitzen

110)

A. Aluminium
B. Linoleum
C. Kupfer
D. Nickel
E. Eisen

111)

A. beobachten
B. zuschauen
C. gucken
D. erblicken
E. erfahren

112)

A. Wochentag
B. Monat
C. Februar
D. Jahr
E. Stunde

113)

A. komisch
B. seltsam
C. lustig
D. sonderbar
E. eigentümlich

114)

A. Pullover
B. Jeanshose
C. Rock
D. Unterhose
E. Mantel

115)

A. oval
B. rund
C. viereckig
D. rechteckig
E. kantig

Fremdwörter

Bearbeitungszeit 5 Minuten

Ordnen Sie jedem Fremdwort die richtige Bedeutung zu, indem Sie den richtigen Lösungsbuchstaben in das Kästchen schreiben.

Fremdwort	A–J	Bedeutung
116) Fluktuation		**A.** Schwankung
117) Gratin		**B.** Überbleibsel
118) Intermezzo		**C.** moralische Zweifel
119) Fraktur		**D.** überbackenes Gericht
120) Jacuzzi		**E.** tropische Echse
121) Rotation		**F.** Zwischenspiel
122) Rudiment		**G.** Whirlpool
123) Singular		**H.** Einzahl
124) Skrupel		**I.** Drehung
125) Waran		**J.** Knochenbruch

Sprichwörter

Bearbeitungszeit 5 Minuten

Bei diesen Aufgaben geht es darum, Sprichwörter zu vervollständigen.

Beantworten Sie bitte die folgenden Aufgaben, indem Sie jeweils den Lösungsbuchstaben des einzusetzenden Wortes markieren.

126) Es ist alles Jacke wie ________.

A. Pullover
B. Jeans
C. Schuhe
D. Hose
E. Keine Antwort ist richtig.

127) Der ________ ist das Ziel.

A. Erfolg
B. Wille
C. Weg
D. Rekord
E. Keine Antwort ist richtig.

128) Wer zuletzt ________, lacht am besten.

A. schreibt
B. lacht
C. malt
D. geht
E. Keine Antwort ist richtig.

129) Träume sind ________.

A. Schäume
B. unbewusst
C. unlogisch
D. Fantasien
E. Keine Antwort ist richtig.

130) Bei ________ Wasser kann jeder leicht Steuermann sein.

A. flachem
B. warmem
C. salzigem
D. ruhigem
E. Keine Antwort ist richtig.

131) Jedem Narren ________ seine Kappe.

A. rutscht
B. steht
C. gefällt
D. drückt
E. Keine Antwort ist richtig.

132) ______ soll man nicht aufhalten.

A. Kinder
B. Künstler
C. Amokläufer
D. Reisende
E. Keine Antwort ist richtig.

133) Jede ______ hat zwei Seiten.

A. Wand
B. Fläche
C. Münze
D. Wurst
E. Keine Antwort ist richtig.

134) Wasser hat keine ______.

A. Seife
B. Balken
C. Energie
D. Ecken
E. Keine Antwort ist richtig.

135) Früh krümmt sich, was ein ______ werden will.

A. Häkchen
B. Buckel
C. Lehrling
D. Tänzer
E. Keine Antwort ist richtig.

Lösungen: Sprachbeherrschung

1) D	31) A	61) C
2) A	32) B	62) A
3) A	33) B	63) B
4) B	34) A	64) D
5) D	35) A	65) C
6) C	36) A	66) über
7) D	37) A	67) Trotz
8) B	38) B	68) Während
9) D	39) B	69) ohne
10) B	40) D	70) In
11) D	41) trinken	71) vor
12) A	42) wollen	72) am
13) A	43) fliegen	73) außer
14) B	44) fließen	74) an
15) C	45) raten	75) zu
16) B	46) wissen	76) D
17) B	47) lassen	77) A
18) B	48) dürfen	78) A
19) D	49) halten	79) B
20) C	50) sitzen	80) E
21) dass	51) mögen	81) A
22) widerstanden	52) vorwerfen	82) D
23) morgen Abend	53) klingen	83) A
24) Tipp	54) richten	84) A
25) platziert	55) ziehen	85) C
26) sympathisch	56) D	86) A
27) Gräuel	57) A	87) C
28) todkrank	58) C	88) D
29) eislaufen	59) A	89) B
30) zuzusehen	60) D	90) C

91) A	106) C	121) I
92) C	107) D	122) B
93) D	108) E	123) H
94) A	109) E	124) C
95) B	110) B	125) E
96) C	111) E	126) D
97) C	112) C	127) C
98) B	113) C	128) B
99) B	114) D	129) A
100) A	115) E	130) D
101) E	116) A	131) C
102) A	117) D	132) D
103) C	118) F	133) C
104) C	119) J	134) B
105) C	120) G	135) A

Welche Schreibweise stimmt? (Aufgaben 1–10)

Zu 1) D. Formular

Zu 2) A. Grafik

Zu 3) A. Oblate

Zu 4) B. Maschine

Zu 5) D. Zeremonie

Zu 6) C. Halogen

Zu 7) D. Manuskript

Zu 8) B. Immobilien

Zu 9) D. Gynäkologen

Zu 10) B. Maschinenbauingenieur

Rechtschreibung: Wortgruppen und kurze Sätze (Aufgaben 11–20)

Zu 11) D. Bundesrepublik Deutschland

Nur in Lösungsvorschlag D sind der Wortbestandteil „Republik" und der Landesname „Deutschland" richtig geschrieben.

Zu 12) A. starkes Rückgrat

Nur in Lösungsvorschlag A sind die Wörter „starkes" und „Rückgrat" richtig geschrieben. Es geht hier nicht um ein ominöses „Rad" am Rücken, sondern um das mit „Gräte" verwandte

„Rückgrat": die Knochenzüge entlang der Wirbelsäule.

Zu 13) A. Thunfische ernähren sich von Krebstieren.

Nur in Lösungsvorschlag A sind die Wörter „Thunfische" und „Krebstieren" richtig geschrieben.

Zu 14) B. Es geht früh am Morgen los.

Lösungsvorschlag B ist korrekt: Das Substantiv „Morgen" schreibt man groß, das Temporaladverb „früh" klein.

Zu 15) C. „Krise" ist in der Medizin ein Fachbegriff.

Nur in Lösungsvorschlag C sind die Wörter „Krise" und „Medizin" richtig geschrieben.

Zu 16) B. charmante Lady

Nur in Lösungsvorschlag B sind die Wörter „charmante" und „Lady" richtig geschrieben.

Zu 17) B. Die Schale schält man besser ab.

Nur in Lösungsvorschlag B sind die Wörter „Schale" und das davon abgeleitete „schält" richtig geschrieben.

Zu 18) B. Der Chef amüsierte sich mit dem Pförtner.

Nur in Lösungsvorschlag B sind die Wörter „Chef", „amüsierte" und „Pförtner" richtig geschrieben.

Zu 19) D. kurze Wiederholung

Nur in Lösungsvorschlag D sind die Wörter „kurze" und „Wiederholung" richtig geschrieben.

Zu 20) C. inventurverhütende Maßnahmen

Nur in Lösungsvorschlag C sind die Wörter „inventurverhütende" und „Maßnahmen" richtig geschrieben. Nach einem langen Vokal steht „ß", nicht „ss".

Rechtschreibung: Lückentext (Aufgaben 21–30)

Zu 21) Es ist schön, ***dass*** du kommen konntest!

Zu 22) Er hat der Versuchung ***widerstanden***.

Zu 23) Können wir uns ***morgen Abend*** treffen?

Zu 24) Ein Bekannter hat mir einen guten ***Tipp*** gegeben.

Zu 25) Er hat das Geschenk mitten im Raum ***platziert***.

Zu 26) Sie waren sich einfach nicht ***sympathisch***.

Zu 27) Spinnen sind ihr ein ***Gräuel*** .

Zu 28) Der Opa ist ***todkrank*** .

Zu 29) Wir wollen nachher ***eislaufen*** gehen.

Zu 30) Hilf lieber mit, anstatt nur ***zuzusehen*** !

Groß- und Kleinschreibung (Aufgaben 31–40)

Zu 31) **A.** Das Singen macht der Gruppe sehr viel Spaß.

Substantivierte Pronomen, Adjektive oder Verben („das Singen") werden großgeschrieben.

Zu 32) **B.** Sie hat drei Zweier im Zeugnis.

Substantivierte Grund- und Ordnungszahlen („Zweier") werden großgeschrieben.

Zu 33) **B.** Beim Spielen fiel sie auf den Boden.

Substantivierte Verben („Spielen") werden großgeschrieben.

Zu 34) **A.** Sie bekommt sofort Angst.

Nur in Verbindung mit den Verben „sein", „werden" und „bleiben" schreibt man „Angst", „Bange", „Gram", „Leid", „Schuld" und „Pleite" klein. In Verbindung mit allen anderen Verben werden diese Wörter großgeschrieben.

Zu 35) **A.** Ludwig der Vierzehnte war ein kluger Mann.

Eigennamen werden in den meisten Fällen großgeschrieben, selbst dann, wenn sie aus Adjektiven und Substantiven zusammengesetzt sind.

Zu 36) **A.** In der Besprechung wurde Verschiedenes behandelt.

Substantivierte Adjektive („Verschiedenes") werden großgeschrieben.

Zu 37) **A.** Die Untersuchung ergab nichts Neues.

Substantivierte Adjektive („Neues") werden großgeschrieben.

Zu 38) **B.** Das muss jeder Einzelne für sich am besten wissen.

Substantivierte unbestimmte Zahladjektive (der „Einzelne") werden großgeschrieben. Im Ausdruck „am besten" stellt „besten" die Steigerungsform von „gut" dar und wird als Adjektiv kleingeschrieben.

Zu 39) **B.** Alles Übrige wird am Montag besprochen.

Substantivierte unbestimmte Zahladjektive („Übrige") werden großgeschrieben.

Zu 40) **D.** in Bezug auf das Schreiben

Substantive werden auch in festen Wendungen („in Bezug", „mit Bezug") generell großgeschrieben. Substantivierte Verben („das Schreiben") schreibt man ebenfalls groß.

Infinitive bilden (Aufgaben 41–55)

Zu 41) tranken : trinken

Zu 42) will : wollen

Zu 43) flöge : fliegen

Zu 44) geflossen : fließen

Zu 45) riet : raten

Zu 46) gewusst : wissen

Zu 47) ließ : lassen

Zu 48) darfst : dürfen

Zu 49) hielt : halten

Zu 50) saß : sitzen

Zu 51) magst : mögen

Zu 52) vorgeworfen : vorwerfen

Zu 53) geklungen : klingen

Zu 54) richtest : richten

Zu 55) zöge : ziehen

Vorsilben einsetzen (Aufgaben 56–65)

Zu 56) **D.** ver-

verfolgen

Zu 57) **A.** ab-

abtasten

Zu 58) **C.** be-

begreifen

Zu 59) **A.** ent-

entwickeln

Zu 60) **D.** be-

bemalen

Zu 61) **C.** an-

antreffen

Zu 62) **A.** ver-

verschwimmen

Zu 63) **B.** ab-

abgleichen

Zu 64) **D.** an-

andenken

Zu 65) **C.** ab-

abhusten

Präpositionen (Aufgaben 66–75)

Zu 66) Ich freue mich ***über*** unseren Besuch!

„Wegen" zieht einen Dativ oder Genitiv nach sich, „mit" wird mit einem Dativ kombiniert. Da die Substantivgruppe „unseren Besuch" im Akkusativ steht, kommt nur die Präposition „über" infrage.

Zu 67) ***Trotz*** der Panne war es ein gelungener Abend.

Grammatisch würden alle drei Präpositionen in den Satz passen, „laut" und „neben" ergeben aber inhaltlich keinen Sinn.

Zu 68) ***Während*** des Films fiel plötzlich der Strom aus.

Nach „in" folgt ein Dativ oder Akkusativ, „seit" wird mit Dativ kombiniert. Die Substantivgruppe „des Films" steht jedoch im Genitiv, daher kommt nur „während" infrage.

Zu 69) Onkel Horst kam ***ohne*** seinen kleinen Dackel.

„Mit" und „außer" erfordern einen Dativ und entfallen daher aus grammatischen Gründen.

Zu 70) *In* der Situation habe ich mich wirklich gefürchtet!

Grammatisch passen alle Präpositionen, aber nur mit „in" ergibt sich ein sinnvoller Satz.

Zu 71) Ich werde ***vor*** der Prüfung eine halbe Stunde meditieren.

Rein grammatisch betrachtet lässt sich keine Präposition ausschließen, „statt" und „während" passen jedoch inhaltlich nicht.

Zu 72) Sie hat ***am*** Shoppingcenter ihre Kreditkarte verloren.

Den Präpositionen „in" und „neben" fehlt ein Artikel, damit ein korrekter Satz entsteht. In „am" („an"+„dem") ist der Artikel schon enthalten.

Zu 73) Er war vor Empörung ***außer*** sich!

„Außer sich sein" ist ein feststehender Ausdruck, „in" und „bei" passen hier nicht.

Zu 74) Sie liebt alles ***an*** ihm.

„Durch" ist inhaltlich und grammatisch fragwürdig (erforderlich wäre der Akkusativ), „zu" ergibt keinen Sinn.

Zu 75) Ich möchte _zu_ dem Thema noch etwas sagen!

Die Präpositionen „mit" und „laut" würden zwar grammatisch passen, können den Satz aber nicht sinnvoll ergänzen.

Erläuterung

Präpositionen heißen auch „Verhältniswörter", weil sie Beziehungen zwischen Wörtern oder Wortgruppen wiedergeben: Sie drücken zum Beispiel zeitliche (temporale) oder örtliche (lokale) Verhältnisse aus, führen Gründe an (kausal) oder benennen die Art und Weise, die Beschaffenheit von etwas (modal).

Eine Präposition entscheidet über den Kasus der Wörter, auf die sie sich bezieht. Bei den meisten Präpositionen ist der Kasus festgelegt; manchmal gibt es jedoch mehrere Möglichkeiten, je nachdem, welche Beziehung man beschreiben will („etwas aus Angst tun" – kausal; „etwas aus dem Regal nehmen" – lokal; „ein Haus aus Stein" – modal). Viele lokale Präpositionen können sowohl Orte als auch Bewegungsrichtungen bezeichnen – Ortsangaben stehen mit Dativ („im Schrank"; Frage: wo?), Richtungsangaben mit Akkusativ („in den Schrank"; Frage: wohin?).

Grundsätzlich werden Präpositionen nicht flektiert. Einige können jedoch mit bestimmten Artikeln verschmelzen (z. B. „an" + „dem" = „am", „in" + „das" = „ins", „zu" + „der" = „zur").

Satzgrammatik (Aufgaben 76–85)

Zu 76) D. Kleidung

„Maskulin" bedeutet „männlich" und bezieht sich auf das grammatische Geschlecht, das heißt auf Wörter, die im Nominativ Singular mit dem bestimmten Artikel „der" verwendet werden.

Ein Hinweis zur Lösung E: Es heißt zwar „die Schuhe" – der Artikel „die" zeigt hier aber nur den Plural an, nicht das grammatische Geschlecht! Der Singular ist „der Schuh".

Zu 77) A. der Schulleiter

Der Nominativ ist der erste Fall. Man kann danach mit „wer?" fragen.

Zu 78) A. Die Entscheidung über das umstrittene Gesetz

Das Subjekt eines Satzes ist die Person (oder das Tier/die Sache), auf die sich das Verb bezieht. Es steht grundsätzlich im Nominativ und in Aussagesätzen meist am Anfang (aber nicht immer). Im vorliegenden Fall besteht das Subjekt aus dem Substantiv „Die Entscheidung" und der Präpositionalgruppe „über das umstrittene Gesetz", die das Substantiv näher beschreibt.

Zu 79) B. dem

Artikel werden auch „Begleiter" genannt, da sie andere Wörter, nämlich Substantive, begleiten.

Zu 80) E. in

Ein Pronomen ist ein Wort, das für ein Nomen steht. Die Lösungen A bis D lassen sich jeweils durch den/die Namen der betreffenden Person(en) ersetzen, also handelt es sich um Pronomen. „In" ist dagegen eine Präposition.

Zu 81) A. schrittweise

Adverbien dienen zur näheren Beschreibung von Verben oder Adjektiven, nicht von Substantiven. Beispiel: „bemerkenswert" ist ein Adjektiv („die bemerkenswerte Tatsache"), „schrittweise" kann man dagegen auch auf Verben beziehen („Schrittweise nähern wir uns der Lösung").

Zu 82) D. Ihr werdet gegessen haben.

Das Futur II bezieht sich auf die Zukunft. Es drückt aus, was zu einem Zeitpunkt in der Zukunft bereits geschehen sein wird.

Zu 83) A. weil

Konjunktionen sind Bindewörter, die Sätze oder Satzteile miteinander verknüpfen. Häufige Konjunktionen sind zum Beispiel „und", „oder", „weil", „obwohl" oder „wenn".

Zu 84) A. mochte

Das Präteritum – auch „Imperfekt" genannt – ist die einfache Vergangenheitsform, die aus nur einem Wort besteht.

Zu 85) C. lohnend

Das Partizip Präsens ist eine Verbform, die im Deutschen eher selten verwendet wird. Es drückt Gleichzeitigkeit aus, wird in der Regel mit der Endung „-nd" gebildet („singend", „schluchzend", „jubelnd") und oft wie ein Adjektiv gebraucht („eine lohnende Investition", „ein sprechender Papagei").

Grammatik: Kurze Sätze (Aufgaben 86–95)

Zu 86) A. Statt zu verreisen, blieb ich lieber zu Hause.

Nur in Lösungsvorschlag A findet sich eine korrekte Vergangenheitsform (Präteritum) des Verbs „bleiben".

Zu 87) C. Nach einem ausgedehnten Spaziergang setzte sie sich erst einmal hin.

Die Präposition „nach" zieht den Dativ nach sich, der nur in den Vorschlägen B und C richtig gebildet wird („einem ausgedehnten Spaziergang"). Doch nur Antwort C enthält zugleich auch eine korrekte Vergangenheitsform (Präteritum) von „hinsetzen".

Zu 88) D. Als ich im Herbst nach Hause kam, fielen schon die Blätter von den Bäumen.

Nur in Lösungsvorschlag D finden sich korrekte Vergangenheitsformen (Präteritum) der Verben „kommen" und „fallen". Beide Verben werden unregelmäßig gebeugt.

Zu 89) B. Ich freue mich, unseren neuen Kollegen begrüßen zu dürfen.

Die Substantivgruppe „unser neuer Kollege" muss hier im Akkusativ stehen, und die korrekte Verbkonstruktion lautet „begrüßen zu dürfen". Somit kann nur Vorschlag B stimmen.

Zu 90) C. Entgegen seinem guten Vorsatz ist er ständig zu schnell gefahren.

Die Präposition „entgegen" kann im Plural auch mit Genitiv, im Singular aber nur mit Dativ stehen wie in den Vorschlägen A und C („seinem guten Vorsatz"). In Satz A findet sich jedoch eine falsche Verbkonstruktion, sodass nur Antwort C infrage kommt.

Zu 91) A. Dieses Problem haben viele Leute in bestimmten Situationen.

Das Subjekt des Satzes lautet „viele Leute", dementsprechend muss auch das davon abhängige Verb im Plural stehen. Darüber hinaus muss die Substantivgruppe „dieses Problem" im Akkusativ stehen („Wen oder was haben viele Leute?"). Somit kommt nur Vorschlag A infrage.

Zu 92) C. Vorgestern schien die Sonne.

In der Umgangssprache sind auch die Formen „scheinte" und „hat gescheint" verbreitet, doch standardsprachlich wird das Verb „scheinen" unregelmäßig gebeugt („schien", „geschienen"): Lösungsvorschlag C stimmt.

Zu 93) D. Hättest du geschwiegen, wäre die Angelegenheit glimpflicher ausgegangen.

Nur in Lösungsvorschlag D finden sich die richtigen Konjunktivformen (Konjunktiv II) von „haben" und „sein".

Zu 94) A. Angesichts ihrer Qualitäten dürfte ihr die Aufgabe nicht schwerfallen.

Die Präposition „angesichts" zieht den Genitiv nach sich, der nur in den Vorschlägen A und C korrekt gebildet wird („ihrer Qualitäten"). Doch nur Antwort A berücksichtigt zugleich, dass das Verb „schwerfallen" in übertragener Bedeutung steht und daher zusammenzuschreiben ist.

Zu 95) B. Als versiertem Kenner griechischer Heldensagen kamen ihm Zweifel ob der Schlichtheit dieses Werks.

Die Substantivgruppe „als versierter Kenner" bezieht sich auf das Personalpronomen „ihm" und muss im selben Kasus stehen, nämlich im Dativ („als versiertem Kenner"). Die Substantivgruppe „griechische Heldensagen" muss im Genitiv stehen („griechischer Heldensagen"). „Ob" ist hier keine Konjunktion, sondern eine Präposition, die „wegen" oder „angesichts" bedeutet und üblicherweise den Genitiv nach sich zieht („ob der Schlichtheit"). Somit kommt nur Vorschlag B infrage.

Sinnverwandte Begriffe (Aufgaben 96–105)

Zu 96) C. adlig

Zu 97) C. Leidenschaft

Zu 98) B. Schmuckstück

Zu 99) B. Gönner

Zu 100) A. sich widmen

Zu 101) E. Schwur

Zu 102) A. extrem

Zu 103) C. Benehmen

Zu 104) C. Trompetenstoß

Zu 105) C. vermieten

Ein Wort fällt aus der Reihe (Aufgaben 106–115)

Zu 106) C. Augen

Alle Begriffe außer „Auge" haben mit dem Hörvorgang zu tun.

Zu 107) D. Bohrmaschine

Die Bohrmaschine ist das einzige Werkzeug in dieser Reihe. Bei allen anderen Begriffen handelt es sich um Materialien.

Zu 108) E. gläubig

Bei allen Begriffen außer „gläubig" handelt es sich um Synonyme für „skeptisch".

Zu 109) E. sitzen

Alle Verben außer „sitzen" beschreiben bewegte Aktivitäten.

Zu 110) B. Linoleum

Bei allen anderen Begriffen handelt es sich um Metalle.

Zu 111) E. erfahren

Bei allen anderen Begriffen handelt es sich um Verben des Sehens.

Zu 112) C. Februar

Alle anderen Begriffe bezeichnen allgemeine Zeiteinheiten; der Februar als konkreter Monat fällt aus der Reihe.

Zu 113) C. lustig

Alle Begriffe außer „lustig" sind Synonyme für „merkwürdig".

Zu 114) D. Unterhose

Nur die Unterhose ist eine Unterwäsche. Alle anderen Bekleidungsstücke nicht.

Zu 115) E. kantig

„Kantig" beschreibt keine Flächenform.

Fremdwörter (Aufgaben 116–125)

Zu 116) Fluktuation –
A. Schwankung

Zu 117) Gratin –
D. überbackenes Gericht

Zu 118) Intermezzo –
F. Zwischenspiel

Zu 119) Fraktur – **J.** Knochenbruch

Zu 120) Jacuzzi – **G.** Whirlpool

Zu 121) Rotation – **I.** Drehung

Zu 122) Rudiment – **B.** Überbleibsel

Zu 123) Singular – **H.** Einzahl

Zu 124) Skrupel –
C. moralische Zweifel

Zu 125) Waran – **E.** tropische Echse

Tipps für Zuordnungsaufgaben (116–125)

Arbeiten Sie bei dieser Aufgabe sehr konzentriert: Ein Fehler kann eine Reihe von Folgefehlern nach sich ziehen. Beginnen Sie mit dem ersten Fremdwort in der linken Spalte und überprüfen Sie die rechte Spalte Wort für Wort, bis Sie die passende Bedeutung gefunden haben. Schreiben Sie dann den zugehörigen Lösungsbuchstaben in das mittlere Kästchen. Wenn Sie sich nicht ganz sicher sind, verschieben Sie Ihre Entscheidung – vielleicht löst sich das Problem am Ende von selbst, da nur noch eine Möglichkeit übrig bleibt.

Falls nach dem ersten Durchgang noch Lücken offen sind, hilft eventuell die umgekehrte Verfahrensweise: Man nehme sich einen Begriff aus der rechten Spalte und suche dazu aus der linken Spalte das entsprechende Fremdwort. Prüfen Sie zum Schluss, ob alle Buchstaben von A bis J einmal eingetragen sind.

Sprichwörter (Aufgaben 126–135)

Zu 126) D. Hose

„Es ist alles Jacke wie Hose" bedeutet, dass etwas egal oder gleichgültig ist.

Zu 127) C. Weg

„Der Weg ist das Ziel" geht zurück auf den chinesischen Philosophen Konfuzius. Demnach geht es nicht darum, um jeden Preis Ziele zu erreichen; die Hauptsache ist, man macht sich auf den Weg – denn dabei macht man die wirklich wichtigen Erfahrungen.

Zu 128) B. lacht

„Wer zuletzt lacht, lacht am besten" bezieht sich auf die Schadenfreude desjenigen, der sich am Ende als Gewinner herausstellt – obwohl zwischenzeitlich ganz andere den Ton angaben. Man sollte sich also nicht zu früh über etwas freuen, das noch nicht in trockenen Tüchern ist.

Zu 129) A. Schäume

„Träume sind Schäume" spielt darauf an, dass Träume ebenso wie Schäume flüchtig sind, leicht zerstört werden können und daher nicht allzu verlässlich sind.

Zu 130) D. ruhigem

„Bei ruhigem Wasser kann jeder leicht Steuermann sein." Unter einfachen Bedingungen kann jeder die Leitung einer Gruppe übernehmen. Die tatsächlichen Führungsqualitäten zeigen sich jedoch erst, wenn es Probleme zu meistern gibt.

Zu 131) C. gefällt

„Jedem Narren gefällt seine Kappe." Dieses Sprichwort besagt, dass jeder Mensch seine eigenen Macken hat und diese meist nicht schlimm findet. Gleichzeitig wird dazu aufgefordert, die Eigenheiten anderer Menschen zu tolerieren.

Zu 132) D. Reisende

„Reisende soll man nicht aufhalten." Dieses Sprichwort wird oft resigniert gebraucht, wenn man erkannt hat, dass man jemanden nicht zum Bleiben überreden kann. Wer gehen will, soll es tun, wenn er es für richtig hält.

Zu 133) C. Münze

„Jede Münze hat zwei Seiten" bedeutet, dass alles seine Vor- und Nachteile hat.

Zu 134) B. Balken

„Wasser hat keine Balken." Dieses Sprichwort erinnert daran, dass Wasser sehr gefährlich sein kann, da man darin versinken und ertrinken kann.

Zu 135) A. Häkchen

„Früh krümmt sich, was ein Häkchen werden will." Dieses Sprichwort kann man verschieden auslegen. Die neutrale Variante besagt, dass man früh genug mit dem Lernen anfangen sollte, speziell wenn es darum geht, eine bestimmte berufliche Richtung einzuschlagen. Die negativere Lesart assoziiert „sich krümmen" mit Unterordnung und Anpassung: Hier drückt der Satz in etwa aus, dass jemand durch Anbiederung eine vorteilhaftere Position erreichen will.

Fremdsprachenkenntnisse

Englisch: Wortbedeutungen *Bearbeitungszeit 5 Minuten*

Geben Sie die korrekte Bedeutung des englischen Wortes wieder, indem Sie den richtigen Lösungsbuchstaben markieren.

1) to brake

A. stören
B. beugen
C. biegen
D. bremsen
E. brechen

2) responsible

A. aufnahmefähig
B. verantwortlich
C. fleißig
D. entschlossen
E. umstritten

3) to read

A. lesen
B. schreiben
C. hören
D. sprechen
E. riechen

4) eventually

A. möglicherweise
B. schließlich
C. festlich
D. gelegentlich
E. unabhängig

5) conscience

A. Gewissen
B. Bewusstsein
C. Übereinstimmung
D. Selbstsicherheit
E. Wachsamkeit

6) ridiculous

A. ritterlich
B. extrem
C. lächerlich
D. herausragend
E. unsicher

7) contract

A. Zusammenfassung
B. Berührung
C. Abteilung
D. Vertrag
E. Belohnung

8) bean

A. Aufenthalt
B. Fliege
C. Exil
D. Knochen
E. Bohne

9) to carry something

A. etwas sammeln
B. etwas tragen
C. etwas vermeiden
D. etwas kaufen
E. sich an etwas erinnern

10) obvious

A. verdächtig
B. abwegig
C. offensichtlich
D. unentschlossen
E. absurd

Englisch: Rechtschreibung *Bearbeitungszeit 5 Minuten*

Welche Schreibweise stimmt? Beantworten Sie bitte die folgenden Aufgaben, indem Sie jeweils den richtigen Lösungsbuchstaben markieren.

11) Wie lautet die englische Schreibweise für „Mittwoch"?

A. Wednesday
B. Wednessday
C. Wensday
D. Wenssday
E. Wednsday

12) Wie lautet die englische Schreibweise für den Monat Februar?

A. Februar
B. February
C. Februare
D. Februarry
E. Februery

13) Wie lautet die englische Schreibweise für den Monat Dezember?

A. December
B. Dezember
C. Dizember
D. Dicember
E. Desember

14) Wie lautet die englische Schreibweise für „übertreiben"?

A. to exeggarate
B. to exaggerate
C. to exagerate
D. to exegerate
E. to exaggarate

15) Wie lautet die englische Schreibweise für „Unwahrscheinlichkeit"?

A. unpropability
B. improbablety
C. impropabillity
D. unprobability
E. improbability

16) Wie lautet die englische Schreibweise für „Fachkenntnis"?

A. expertayse
B. experteyse
C. expertize
D. expertise
E. expertice

17) Wie lautet die englische Schreibweise für: „Rom ist auch nicht an einem Tag erbaut worden"?

A. Rome was not built in a day.
B. Rom was no built in a day.
C. Rom was not built in day.
D. Rome was no build in a day.
E. Keine Antwort ist richtig.

18) Wie schreibt sich das englische Wort für „Erfahrung"?

A. experience
B. expearience
C. expiriense
D. experiense
E. expeerience

19) Wie schreibt sich das englische Wort für „verdächtig"?

A. susspicius
B. suspicius
C. suspicious
D. suspetious
E. suspitious

20) Wie schreibt sich das englische Wort für „garantieren"?

A. garantee
B. guarantee
C. guerantie
D. gueranty
E. guaranty

Englisch: Grammatik *Bearbeitungszeit 5 Minuten*

Finden Sie heraus, welche Wörter in die Leerstellen eingesetzt werden müssen, damit sich ein sinnvoller Satz ergibt.

Hierzu ein Beispiel

Aufgabe

1) His _____ car is new. How much _____ it cost?

A. fathers | is
B. father's | did
C. feather's | have
D. furthers | has been
E. father's | had been

Antwort

(B.) father's | did

His father's car is new. How much did it cost?

Da Genitiven im Englischen ein „s" mit Apostroph angehängt wird, kommen nur die Möglichkeiten B, C und E in Frage. „Feather" bedeutet jedoch „Feder" und nicht etwa „Vater": Somit scheidet Satz C aus. Für die zweite Leerstelle gibt es überhaupt nur einen korrekten Vorschlag, nämlich „did": „How much is it cost?" (Antwort A) ist keine korrekte Frage, und auch „have" (Antwort C) liegt grammatikalisch falsch, da es nicht zum Subjekt „it" in der 3. Person passt. Setzt man „has been" oder „had been" ein, ist zum einen der Satzbau falsch („How much has/have been it cost?"), zum anderen stimmen die Zeitformen – present perfect progressive und past perfect progressive, beides Verlaufsformen – nicht mit „cost" überein, das nicht in einer Verlaufsform steht.

Bitte bearbeiten Sie nun die Aufgaben: Markieren Sie den Lösungsbuchstaben des einzusetzenden Ausdrucks. Sie haben dafür **5 Minuten** Zeit.

21) Yesterday he read ______.

A. a first ten pages
B. the first ten pages
C. ten pages the first
D. the ten pages first
E. first ten the pages

22) I want to leave ______ a short message.

A. her
B. she
C. hers
D. he
E. shes

23) January is the ______ month of the year.

A. shortest
B. short
C. first
D. second
E. hottest

24) She can't understand how Tom could have made ______.

A. such a big mistake
B. such big the mistake
C. so big mistake
D. so a big mistake
E. Keine Antwort ist richtig.

25) What can I ______ for you?

A. do
B. make
C. does
D. did
E. doe

26) Carl and Christine visit ______ parents.

A. them
B. their
C. there
D. theirs
E. they

27) This is my grandmother. ______ is very old.

A. Her
B. Him
C. His
D. She
E. He

28) ______ must David stay at home? – The next three days.

A. Why
B. Who
C. How long
D. Where
E. Might

29) Mark says it's ______ to find a new apartment.

A. easy enough
B. enough easy
C. enough as easy
D. easy as enough
E. as easy as enough

30) We have a ______, you can ______ 90 % off.

A. sell | get
B. sale | get
C. sale | become
D. cell | become
E. for sale | act

Lösungen: Fremdsprachenkenntnisse

1) D	11) A	21) B
2) B	12) B	22) A
3) A	13) A	23) C
4) B	14) B	24) A
5) A	15) E	25) A
6) C	16) D	26) B
7) D	17) A	27) D
8) E	18) A	28) C
9) B	19) C	29) A
10) C	20) B	30) B

Englisch: Wortbedeutungen (Aufgaben 1–10)

Zu 1) **D.** bremsen

Zu 2) **B.** verantwortlich

Zu 3) **A.** lesen

Zu 4) **B.** schließlich

Zu 5) **A.** Gewissen

Zu 6) **C.** lächerlich

Zu 7) **D.** Vertrag

Zu 8) **E.** Bohne

Zu 9) **B.** etwas tragen

Zu 10) **C.** offensichtlich

Englisch: Rechtschreibung (Aufgaben 11–20)

Zu 11) **A.** Wednesday

Zu 12) **B.** February

Zu 13) **A.** December

Zu 14) **B.** to exaggerate

Zu 15) **E.** improbability

Zu 16) **D.** expertise

Zu 17) **A.** Rome was not built in a day.

Zu 18) **A.** experience

Zu 19) **C.** suspicious

Zu 20) **B.** guarantee

Englisch: Grammatik (Aufgaben 21–30)

Zu 21) B. the first ten pages

Yesterday he read the first ten pages.

Übersetzt: „Gestern las er die ersten zehn Seiten." Die Satzteile C und E scheiden aus, da sie grammatikalisch falsch aufgebaut sind. Antwort D könnte eine zeitliche Reihenfolge ausdrücken, wobei jedoch der bestimmte Artikel „the" stören würde: „Yesterday he read the ten pages first, afterwards he went shopping" – „Gestern las er die zehn Seiten zuerst, danach ging er einkaufen". Antwort A nutzt fälschlicherweise den unbestimmten Artikel „a" – wer ein Buch liest, beginnt jedoch mit ganz bestimmten zehn Seiten. Somit kommt nur Vorschlag B infrage.

Zu 22) A. her

I want to leave her a short message.

Übersetzt: „Ich möchte ihr eine kurze Nachricht hinterlassen." Der gesuchte Lückenfüller ist also die englische Übersetzung des Personalpronomens „ihr" (Dativ Singular). Die Antworten B, C und D stehen im falschen Kasus, Möglichkeit E hängt an den Nominativ „she" ein „s" an und geht damit vollkommen fehl.

Zu 23) C. first

January is the first month of the year.

Übersetzt: „Der Januar ist der erste Monat des Jahres." Die Antworten A, D und E sind zwar grammatisch möglich, aber inhaltlich falsch: Der Januar ist weder der kürzeste („shortest") noch der zweite („second") oder heißeste („hottest") Monat des Jahres. Vorschlag B ist zudem auch noch grammatisch falsch. Somit kommt als Lösung nur C infrage.

Zu 24) A. such a big mistake

She can't understand how Tom could have made such a big mistake.

Übersetzt: „Sie kann nicht verstehen, wie Tom so einen großen Fehler hat machen können." Das in den Antworten C und D verwendete „so" entspricht nicht dem vergleichenden deutschen „so", sondern bedeutet „also", „damit", „dermaßen". Abgesehen davon ist die Wortstellung beide Male nicht korrekt. Vorschlag B benutzt fälschlicherweise den bestimmten Artikel „the" statt des unbestimmten „a". Somit kommt nur Möglichkeit A infrage.

Zu 25) A. do

What can I do for you?

Übersetzt: „Was kann ich für Sie tun?" Die Antworten C und D stehen der falschen Person („he does" – „er tut") bzw. zudem in der falschen Zeitform („i did" – „ich tat"). Auch Möglichkeit E scheidet aus: „doe" steht für weibliche Wildtiere. Antwort B bezöge sich schließlich auf das Herstellen einer Sache – in der alltäglichen Konversation unüblich. Somit kommt nur Antwort A infrage.

Zu 26) B. their

Carl and Christine visit their parents.

Übersetzt: „Carl und Christine besuchen ihre Eltern." Das richtige besitzanzeigende Fürwort („ihre Eltern") lautet „their". „They" und „them" scheiden als Personalpronomen von vornherein aus, und die Präposition „there" liefert eine Ortsangabe („dort"). „Theirs" könnte nur dann eingesetzt werden, wenn das Wort, auf das sich „theirs" bezieht, im Satz nicht genannt würde („Whose parents do they visit?" – „They visit theirs"). In direkter Verbindung mit „parents" stünde es am falschen Platz.

Zu 27) D. She

This is my grandmother. She is very old.

Übersetzt: „Das ist meine Großmutter. Sie ist sehr alt." Gesucht wird nach dem richtigen Personalpronomen – „his" („sein") scheidet als besitzanzeigendes Fürwort (Possessivpronomen) von vornherein aus. „Her" und „him" („ihr" und „ihm") stehen nicht im Nominativ, und da eine Großmutter weiblich ist, kann auch das männliche „he" nicht stimmen. Somit kann nur Antwort D korrekt sein.

Zu 28) C. How long

How long must David stay at home? – The next three days.

Übersetzt: „Wie lange muss David zu Hause bleiben?" – „Die nächsten drei Tage." Antwort E scheidet aus, da die Konstruktion „Might must …" („Dürfte / könnte muss …") offensichtlich Unfug ist. Ebenso falsch sind die Vorschläge D und B mit den Fragewörtern „Who" („Wer") und „Where" („Wo"). Grammatisch und inhaltlich stimmig ist nur Möglichkeit C – „The next three days" („Die nächsten drei Tage") ist eine plausible Auskunft auf die mit „How long" („Wie lange") eingeleitete Frage. Ohne den Nachsatz „Die nächsten drei Tage" wäre auch

Antwort A mit dem Fragewort „Why" („Warum") möglich, mit Nachsatz jedoch nicht.

Zu 29) A. easy enough

Mark says it's easy enough to find a new apartment.

Übersetzt: „Mark sagt, es ist ziemlich einfach, ein Apartment zu finden." Die gesuchte Formel „ziemlich einfach" heißt im Englischen „easy enough" – Antwort A ist also korrekt. Lösung B scheidet aufgrund der falschen Wortstellung aus; die Vorschläge C und D mit eingefügtem „as" („als", „wie") sind ebenso unsinnig wie der Ausdruck „as easy as enough" (dt. „so einfach wie genug").

Zu 30) B. sale | get

We have a sale, you can get 90 % off.

Übersetzt: „Wir haben einen Ausverkauf, Sie können 90 % Rabatt bekommen." Antwort A nutzt mit „to sell" („verkaufen") ein Verb, gebraucht wird jedoch ein Substantiv. Auch die Vorschläge C und D fallen weg, da „become" auf Deutsch nicht „bekommen", sondern „werden" bedeutet. Möglichkeit E geht mit „to act" („handeln", „darstellen") völlig fehl. Richtigerweise müsste es „get" heißen, wie in der korrekten Lösung B.

Mathematik

Kopfrechnen

Bearbeitungszeit 15 Minuten

Nun müssen Sie einfache Rechnungen im Kopf lösen.

Bitte benutzen Sie **keinen Taschenrechner** und machen Sie **keine schriftlichen Nebenrechnungen**!

Beantworten Sie bitte die folgenden Aufgaben, indem Sie jeweils das richtige Ergebnis eintragen.

1) $3 \times 6 \div 9 + 3 \times 9 \div 3 \times 2 - 3 \times 2 \div 9 =$ ______

2) $9 \times 4 \div 6 \times 3 + 4 - 3 \times 2 + 4 \div 6 \times 5 + 2 =$ ______

3) $84 + 14 \div 7 + 12 \div 2 \times 7 + 8 \div 3 - 5 \times 2 + 44 =$ ______

4) $8 \times 8 - 8 \div 8 + 7 + 11 \div 5 \times 6 + 4 \div 2 + 1 \div 3 =$ ______

5) $30 \div 6 + 23 + 46 - 2 \div 8 \times 9 + 9 + 909 \div 3 =$ ______

6) $1 \times 2 + 3 \times 4 - 5 \times 2 + 15 \div 9 \times 10 - 11 \div 3 =$ ______

7) $9 \times 8 \div 6 - 5 \times 7 + 6 \div 5 + 9 \times 3 \div 2 - 1 =$ ______

8) $27 \div 3 + 18 \div 3 \times 2 + 118 - 30 \div 2 + 3 \div 7 \div 2 + 16 =$ ______

9) $1.550 - 26 + 12 \div 3 \times 2 \div 4 - 156 - 20 \div 16 =$ ______

10) $57 - 12 \div 9 + 12 - 3 \div 2 - 3 \times 5 + 6 \div 2 \times 3 - 3 \div 6 =$ ______

11) $2 \times 2 + 2 \div 2 + 2 \times 2 - 2 + 22 \div 2 + 2 \times 2 - 2 \times 2 + 2 =$ ______

12) $2 \times 4 + 5 \times 6 - 8 \div 2 - 2 \div 3 + 4 \div 5 + 9 \times 3 + 5 - 7 \div 2 =$ ______

13) $4 + 8 \times 6 + 5 \div 7 + 6 \times 4 - 16 \div 4 + 12 \div 5 \times 4 + 3 - 7 \times 3 =$ ______

14) $5 \times 5 + 3 \div 4 + 2 \times 2 - 3 \times 3 \div 9 + 9 \times 6 - 6 - 8 \div 7 =$ ______

15) $9 \times 2 + 9 \div 3 \times 9 - 3 \div 6 + 15 \div 4 \times 5 + 11 \div 2 - 5 \div 6 + 78 \div 9 =$ ______

Bruchrechnen

Bearbeitungszeit 10 Minuten

Dieser Abschnitt prüft die wesentlichen Zusammenhänge der Bruchrechnung. Dabei stellt der Bruchstrich nichts anderes dar als ein Teilungszeichen.

Beantworten Sie bitte die folgenden Aufgaben, indem Sie jeweils den richtigen Lösungsbuchstaben markieren.

16) $\frac{5}{4} \times \frac{2}{4} = ?$

A. $\frac{6}{20}$

B. $\frac{6}{25}$

C. $\frac{5}{8}$

D. $\frac{20}{6}$

E. Keine Antwort ist richtig.

17) $\frac{10}{4} \div \frac{4}{2} = ?$

A. $\frac{40}{8}$

B. $\frac{2}{2}$

C. $\frac{5}{4}$

D. $\frac{2}{4}$

E. Keine Antwort ist richtig.

18) $\frac{7}{2} - \frac{3}{3} = ?$

A. $\frac{2}{3}$

B. 3

C. $\frac{5}{2}$

D. $\frac{3}{2}$

E. Keine Antwort ist richtig.

19) $\frac{4}{8} \times 3 = ?$

A. $\frac{10}{8}$

B. $\frac{28}{8}$

C. $\frac{4}{24}$

D. $1\frac{1}{2}$

E. Keine Antwort ist richtig.

20) $\frac{2}{4}+\frac{4}{3}=?$

A. 1

B. $\frac{11}{6}$

C. 2,5

D. 3

E. Keine Antwort ist richtig.

21) $\frac{6}{7}-\frac{1}{5}=?$

A. $\frac{5}{2}$

B. $\frac{5}{5}$

C. $\frac{7}{2}$

D. $\frac{23}{35}$

E. Keine Antwort ist richtig.

22) $\frac{4}{7}-\frac{3}{8}=?$

A. $\frac{7}{6}$

B. $\frac{7}{49}$

C. $\frac{11}{56}$

D. $\frac{1}{7}$

E. Keine Antwort ist richtig.

23) $6\frac{2}{4}\div 2\frac{2}{4}=?$

A. $3\frac{2}{4}$

B. 2,6

C. $\frac{1}{4}$

D. 4

E. Keine Antwort ist richtig.

24) $\frac{5}{8}\div\frac{7}{19}=?$

A. $\frac{37}{45}$

B. $\frac{12}{27}$

C. $2\frac{3}{17}$

D. $1\frac{39}{56}$

E. Keine Antwort ist richtig.

25) $2\frac{3}{5}\times 3\frac{1}{7}=?$

A. $7\frac{13}{35}$

B. $8\frac{6}{35}$

C. $3\frac{3}{19}$

D. $6\frac{3}{35}$

E. Keine Antwort ist richtig.

Maßeinheiten umrechnen

Bearbeitungszeit 10 Minuten

Beantworten Sie bitte die folgenden Aufgaben, indem Sie jeweils den richtigen Lösungsbuchstaben markieren.

26) Wenn ein DIN-A3-Blatt in der Mitte der längeren Seite geteilt wird, erhält man …?

A. ein DIN-A4-Blatt.
B. zwei DIN-A5-Blätter.
C. vier DIN-A6-Blätter.
D. zwei DIN-A4-Blätter.
E. Keine Antwort ist richtig.

27) Der Abstand zwischen zwei Schienenkörpern wird als „Spurweite" bezeichnet und beträgt 1.435 mm. Wie viele Dezimeter sind das?

A. 1,435 dm
B. 14,35 dm
C. 0,1435 dm
D. 143,5 dm
E. Keine Antwort ist richtig.

28) Wie viele Milligramm sind 0,078 Gramm?

A. 78
B. 7,8
C. 780
D. 0,78
E. Keine Antwort ist richtig.

29) Herr Müller möchte ein neues Logistikzentrum bauen lassen und benötigt dafür eine Grundfläche von 100 m × 80 m. Wie vielen Quadratmetern entspricht das?

A. 800 m^2
B. 8.000 m^2
C. 80.000 cm^2
D. 800.000 cm^2
E. Keine Antwort ist richtig.

30) Wie viele Kilogramm sind 0,69 Tonnen?

A. 6,9
B. 690
C. 6.900
D. 69.000
E. Keine Antwort ist richtig.

31) Wie viele Meter sind 21,6 Dezimeter?

A. 216
B. 0,216
C. 2,16
D. 4,32
E. Keine Antwort ist richtig.

32) Wie viele Millimeter sind 34,7 Zentimeter?

A. 347.000
B. 34.700
C. 3.470
D. 347
E. Keine Antwort ist richtig.

33) Die Tragkraft einer Hebebühne beträgt 1,05 Tonnen. Wie vielen Kilogramm entspricht das?

A. 105 kg
B. 1.050 kg
C. 1.500 kg
D. 15.000 kg
E. Keine Antwort ist richtig.

34) Im Nachbarort wird ein 1,7 Hektar großes Gewerbegrundstück angeboten. Wie vielen Quadratmetern entspricht das?

A. 1.700 m^2
B. 11.700 m^2
C. 17.000 m^2
D. 117.000 m^2
E. Keine Antwort ist richtig.

35) Wie viele Deziliter sind 0,25 Liter?

A. 250
B. 25
C. 2,5
D. 5
E. Keine Antwort ist richtig.

36) Wie viele Tonnen sind 82 Zentner?

A. 0,82
B. 41
C. 4,1
D. 8,2
E. Keine Antwort ist richtig.

37) Eine Hebebühne ist 1,80 m lang und 2,40 m breit. Wie groß ist die Bühnenfläche?

A. 43,2 cm^2
B. 432 cm^2
C. 4.320 cm^2
D. 43.200 cm^2
E. Keine Antwort ist richtig.

38) Wie viele Dezimeter sind 38,5 Kubikmillimeter?

A. 3,845
B. 0,3845
C. 0,03845
D. 0,003845
E. Keine Antwort ist richtig.

39) Wie viele Quadratdezimeter sind 0,9 Hektar?

A. 900.000
B. 9 Mio.
C. 90.000
D. 9.000
E. Keine Antwort ist richtig.

40) Ein Lkw-Laderaum ist 6,05 m lang, 2,43 m breit und 2,35 m hoch. Welches Ladevolumen hat der Lastkraftwagen? Runden Sie das Ergebnis auf zwei Nachkommastellen.

A. 34,55 m^3
B. 345,5 m^3
C. 3.454,85 m^3
D. 34.548,53 cm^3
E. Keine Antwort ist richtig.

Gleichungen bilden

Bearbeitungszeit 5 Minuten

Bei dieser Aufgabe geht es um Ihre rechnerische Sicherheit.

Erstellen Sie aus den vorgegebenen Zahlen – durch die Verwendung der Grundrechenarten (+, –, ×, ÷) – 20 Gleichungen. Jede Zahl kann dafür beliebig oft verwendet werden, aber Vorsicht: Das Ergebnis darf ebenfalls nur aus den angegebenen Zahlen bestehen und muss natürlich korrekt sein.

Hierzu ein Beispiel

Zahlenmenge: 1, 2, 3

Aufgabe

1)

1 + 2 ____________________ = 3 ____________________

Bitte bearbeiten Sie nun die Aufgaben: Bilden Sie aus den folgenden Zahlen 20 Gleichungen. Sie haben dafür **5 Minuten** Zeit.

Zahlenmenge: 2, 3, 4, 5, 7, 8, 10, 11, 16, 20

41)

____________________ = ____________________

42)

____________________ = ____________________

43)

____________________ = ____________________

44)

____________________ = ____________________

45)

____________________ = ____________________

46)

__________ = __________

47)

__________ = __________

48)

__________ = __________

49)

__________ = __________

50)

__________ = __________

51)

__________ = __________

52)

__________ = __________

53)

__________ = __________

54)

__________ = __________

55)

__________ = __________

56)

__________ = __________

57)

________________ = ________________

58)

________________ = ________________

59)

________________ = ________________

60)

________________ = ________________

Dreisatz

Bearbeitungszeit 10 Minuten

Beantworten Sie bitte die folgenden Aufgaben, indem Sie jeweils den richtigen Lösungsbuchstaben markieren.

61) In einer Goldmine werden aus einer Tonne Erz acht Gramm Gold gewonnen. Wie viel Tonnen Erz werden für fünf kg Gold benötigt?

A. 500 t
B. 550 t
C. 600 t
D. 625 t
E. Keine Antwort ist richtig.

62) Für ein Gespräch von 4 Minuten werden 3,60 € bezahlt. Wie teuer wäre ein Gespräch von 9 Minuten?

A. 6 €
B. 6,40 €
C. 7,60 €
D. 8,10 €
E. Keine Antwort ist richtig.

63) Herr Mayer zahlt für ein Gespräch von 4 Minuten 2,20 €. Wie teuer wäre ein Gespräch von 12 Minuten?

A. 4 €
B. 4,40 €
C. 6,60 €
D. 8,60 €
E. Keine Antwort ist richtig.

64) Auszubildender Müller hat einen Karton mit 2.500 Blatt Kopierpapier, der 10,8 kg wiegt. Der Kopierer hat ein Papierfach mit Platz für 500 Blatt Papier. Wie schwer sind diese 500 Blatt Kopierpapier?

A. 1,82 kg
B. 2,12 kg
C. 2,16 kg
D. 2,18 kg
E. Keine Antwort ist richtig.

65) Zum Abladen eines Sattelzuges setzt Herr Mayer gewöhnlich acht Arbeiter gleichzeitig ein, die sechs Stunden benötigen. Wegen eines Engpasses kann Herr Mayer dieses Mal nur sechs Arbeiter zum Abladen einsetzen. Wie viel Stunden benötigen sechs Arbeiter für die gleiche Arbeit?

A. 8
B. 10
C. 12
D. 14
E. Keine Antwort ist richtig.

66) Die alte Produktionshalle soll einen neuen Industrieboden bekommen. Die Halle ist 8 m breit und 12 m lang. Der ausgewählte Spezialboden kostet insgesamt 11.520 €. Was kostet der Quadratmeter?

A. 80 €
B. 90 €
C. 110 €
D. 120 €
E. Keine Antwort ist richtig.

67) Herr Mayer benötigt für die Produktion von Ersatzteilen ein bestimmtes Blech. 100 Ersatzteile erfordern 1,5 Tonnen dieses Blechs. Wie viel Blech benötigt er für einen Kundenauftrag von 140 Ersatzteilen?

A. 1.600 kg
B. 1.700 kg
C. 2.100 kg
D. 2.600 kg
E. Keine Antwort ist richtig.

68) Ein Kundenauftrag erfordert unter dem Einsatz von zehn Mitarbeitern 20 Arbeitstage. Wie lange dauert die Fertigstellung des Auftrages, wenn zwei Mitarbeiter krankheitsbedingt ausfallen?

A. 21 Tage
B. 22 Tage
C. 23 Tage
D. 25 Tage
E. Keine Antwort ist richtig.

69) In einer Kantine wird von der Belegschaft, bestehend aus 140 Personen, in 5 Tagen 266 kg Obst verzehrt. Wie viel Kilogramm Obst würden im gleichen Zeitraum verbraucht, wenn die Belegschaft um 10 Personen aufgestockt würde?

A. 192 kg
B. 195 kg
C. 285 kg
D. 290 kg
E. Keine Antwort ist richtig.

70) Für eine Veranstaltung werden an zwei Tagen sechs Popcornmaschinen aufgestellt. Insgesamt kommen die Maschinen dabei auf einen Stromverbrauch von 420 kWh. Wie hoch wäre der Stromverbrauch, wenn man drei Tage lang acht Maschinen betreiben würde?

A. 800 kWh
B. 820 kWh
C. 840 kWh
D. 900 kWh
E. Keine Antwort ist richtig.

Gemischte Textaufgaben *Bearbeitungszeit 15 Minuten*

Beantworten Sie bitte die folgenden Aufgaben, indem Sie jeweils den richtigen Lösungsbuchstaben markieren.

71) Herr Müller möchte eine Geschenkbox mit einhundert 10-Cent-Stücken und Sand befüllen. Da die Bank nicht ausreichend 10-Cent-Stücke vorrätig hat, muss Herr Müller auf 20-Cent-Stücke ausweichen. Mit wie vielen 20-Cent-Stücken kann Herr Müller die Geschenkbox befüllen, wenn sie im Wert gleich bleiben soll?

A. 10
B. 15
C. 50
D. 5
E. Keine Antwort ist richtig.

72) Herr Mayer beliefert täglich fünf Kunden. Er legt dabei eine Strecke von 60 km zurück. Seine Durchschnittsgeschwindigkeit mit dem Lieferwagen beträgt 40 km/h. Wie lange dauert die reine Fahrtzeit?

A. 45 min
B. 60 min
C. 75 min
D. 90 min
E. Keine Antwort ist richtig.

73) Herr Mayer möchte wissen, wie lange es dauert, bis 30 Liter Benzin in seinen Tank laufen, wenn in 6 Sekunden durchschnittlich 3 Liter aus dem Schlauch kommen.

A. 40 Sekunden
B. 50 Sekunden
C. 1 Minute
D. 1:20 Minuten
E. Keine Antwort ist richtig.

74) Eine Wohngemeinschaft von drei Personen möchte einen neuen Fernseher kaufen. Der Preis von 1.110 € soll durch drei Personen geteilt werden. Person A zahlt doppelt so viel wie Person C, Person C zahlt 300 €, der Anteil von Person B beträgt 30 % weniger als der von Person C. Wie hoch ist der Anteil von Person A?

A. 500 €
B. 1.110 €
C. 600 €
D. 400 €
E. Keine Antwort ist richtig.

75) In den Dörfern leidet jeder neunte Einwohner unter Kopfschmerzen. In Deutschland leidet im Durchschnitt jeder zwölfte Einwohner an Kopfschmerzen. Welche der Aussagen unten ist richtig?

A. Im Dorf leiden im Durchschnitt weniger Menschen unter Kopfschmerzen.
B. In der Gesamtbevölkerung leiden im Durchschnitt mehr Menschen unter Kopfschmerzen als in den Dörfern.
C. In der Gesamtbevölkerung leiden im Durchschnitt weniger Menschen unter Kopfschmerzen als in den Dörfern.
D. Das Verhältnis ist bei beiden gleich.
E. Keine Antwort ist richtig.

76) Herr Mayer ist Langstreckenläufer und benötigt für einen Marathon von 41,4 km eine Zeit von 3 Stunden. Wie viele Kilometer legt Herr Mayer pro Stunde zurück?

A. 13,2 km
B. 13,4 km
C. 13,6 km
D. 13,8 km
E. Keine Antwort ist richtig.

77) Für $3\frac{1}{4}$ Liter Frischmilch hat Familie Mayer 5,85 € bei Bauer Schulze bezahlt. Wie viel kostet der Liter?

A. 1,25 €
B. 1,45 €
C. 1,58 €
D. 1,80 €
E. Keine Antwort ist richtig.

78) Herr Mayer verbraucht mit seinem Pkw auf 100 km genau 8 Liter. Wie viel Liter würde das Fahrzeug bei gleichem Fahrverhalten auf einer Strecke von 250 km verbrauchen?

A. 15 l
B. 18 l
C. 20 l
D. 28 l
E. Keine Antwort ist richtig.

79) Herr Mayer hat für eine kleine Betriebsfeier 20 kg Obst für 55 € gekauft. Neben 10 kg Birnen hat er 10 kg Äpfel für 2,50 € das Kilo gekauft. Was kostet ein Kilogramm Birnen?

A. 1 €
B. 2 €
C. 3 €
D. 4 €
E. Keine Antwort ist richtig.

80) In einer Kleinstadt gibt es 9.000 Haushalte. In drei Vierteln der Haushalte leben Kinder. In drei Fünfteln der Haushalte mit Kindern leben Jungen. In wie vielen Haushalten leben Jungen?

A. 4.100
B. 4.700
C. 3.500
D. 4.050
E. Keine Antwort ist richtig.

81) In einer Wohngemeinschaft teilen drei Auszubildende die Miete nach Zimmergröße auf. Auszubildender Mark hat ein Zimmer von 25 m^2 und Dieter ein Zimmer von 24 m^2. Welchen Mietanteil muss Auszubildende Miriam zahlen, wenn die Gesamtmiete 700 € beträgt und ihr Zimmer nur 21 m^2 groß ist?

A. 180 €
B. 210 €
C. 240 €
D. 260 €
E. Keine Antwort ist richtig.

82) Herr Müller fährt mit dem Zug zu einem Geschäftstermin. Der Intercity Express benötigt bei einer Geschwindigkeit von 120 km/h genau 4,5 Stunden. Wie weit ist der Zug nach 3 Stunden und 10 Minuten vom Ziel entfernt?

A. 120 km
B. 140 km
C. 160 km
D. 180 km
E. Keine Antwort ist richtig.

83) Herr Mayer möchte wissen, wie viel Liter sein Pkw tatsächlich verbraucht. Hierzu füllt er den Tank voll und fährt genau 1.000 km bei einer Durchschnittsgeschwindigkeit von 120 km/h. Daraufhin füllt er den Tank komplett wieder auf, wozu er 80 Liter benötigt. Wie hoch ist der durchschnittliche Verbrauch auf 100 km?

A. 8,25 Liter
B. 7,25 Liter
C. 7 Liter
D. 8 Liter
E. Keine Antwort ist richtig.

84) Die Stadt Maxdorf hat Grundstücke als Bauland ausgewiesen. Dadurch können in einem Gebiet 24 gleich große Bauplätze zu je 500 m^2 erschlossen werden. Wie viele Bauplätze könnten erschlossen werden, wenn jeder Bauplatz um 20 % kleiner ausfallen würde?

A. 20
B. 25
C. 30
D. 35
E. Keine Antwort ist richtig.

85) Herr Müller fährt mit 60 km/h. Seine Frau folgt in einem Abstand von 400 Metern. Wie schnell muss Frau Müller fahren, wenn sie Herrn Müller in 30 Sekunden einholen möchte?

A. 48 km/h
B. 60 km/h
C. 108 km/h
D. 118 km/h
E. Keine Antwort ist richtig.

Prozentrechnen

Bearbeitungszeit 10 Minuten

Bei der Prozentrechnung sind drei Größen zu beachten: der Prozentsatz, der Prozentwert und der Grundwert. Zwei dieser Größen müssen gegeben sein, um die dritte Größe berechnen zu können.

Beantworten Sie bitte die folgenden Aufgaben, indem Sie jeweils den richtigen Lösungsbuchstaben markieren.

86) Herr Mayer möchte eine Maschine für 16.000 € erwerben. Wie viel Euro würde Herr Mayer bei einem Rabatt von 15 Prozent sparen?

A. 2.440 €
B. 2.250 €
C. 2.400 €
D. 2.450 €
E. Keine Antwort ist richtig.

87) Herr Mayer hat einen Restposten von 20 Autoradios für 3.000 € erworben und für 4.200 € weiterverkauft. Wie viel Prozent Gewinn konnte Herr Mayer erzielen?

A. 20 %
B. 30 %
C. 40 %
D. 10 %
E. Keine Antwort ist richtig.

88) Nach Abzug von 20 Prozent Rabatt zahlt ein Kunde nur noch 2.400 €. Wie viel Euro hätte er ohne einen Rabattabzug zahlen müssen?

A. 2.500 €
B. 2.600 €
C. 2.700 €
D. 3.000 €
E. Keine Antwort ist richtig.

89) Herr Mayer erhält beim Autokauf einen Rabatt von 20 % auf den Rechnungspreis von 45.000 €. Bei einer Barzahlung werden ihm weitere drei Prozent Skonto gewährt. Wie hoch ist seine Rechnung, wenn er bar zahlt?

A. 32.450 €
B. 33.720 €
C. 34.592 €
D. 34.920 €
E. Keine Antwort ist richtig.

90) Herr Müller verdient nach einer Tariferhöhung um fünf Prozent 175 € mehr. Wie hoch war das Gehalt vor der Tariferhöhung?

A. 3.000 €
B. 3.500 €
C. 4.000 €
D. 4.500 €
E. Keine Antwort ist richtig.

91) Herr Mayer konnte durch eine Preisreduzierung von 15 Prozent einen Betrag von 300 € sparen. Wie hoch war der Kaufpreis vor der Preisreduzierung?

A. 1.000 €
B. 1.500 €
C. 2.000 €
D. 3.000 €
E. Keine Antwort ist richtig.

92) Von 90 anwesenden Beschäftigten haben 72 Beschäftigte bei der Betriebsratswahl gewählt. Wie viel Prozent der anwesenden Beschäftigten haben gewählt?

A. 40 %
B. 50 %
C. 60 %
D. 80 %
E. Keine Antwort ist richtig.

93) Herr Mayer hat 60 Mitarbeiter. Davon sind 80 Prozent Männer. Wie viele Frauen arbeiten bei Herrn Mayer?

A. 8
B. 9
C. 10
D. 12
E. Keine Antwort ist richtig.

94) Bei einer 15-Prozent-Rabattaktion bietet Herr Mayer hochwertige Lautsprecher für 1.700 € das Paar an. Was kosten die Lautsprecher regulär?

A. 1.800 €
B. 1.900 €
C. 2.000 €
D. 2.200 €
E. Keine Antwort ist richtig.

95) Herr Mayer zahlt für einen Lieferantenkredit halbjährlich einen Betrag von 636 €. Das sind sechs Prozent mehr als bei jährlicher Zahlungsweise. Wie hoch wäre der Jahresbetrag?

A. 400 €
B. 480 €
C. 800 €
D. 440 €
E. Keine Antwort ist richtig.

Mathematische Kniffeleien *Bearbeitungszeit 10 Minuten*

Bei diesen Aufgaben besteht die Herausforderung darin, die im Text enthaltenen Angaben in die richtige mathematische Form zu bringen.

Beantworten Sie bitte die folgenden Aufgaben, indem Sie jeweils den richtigen Lösungsbuchstaben markieren.

96) Addiert man zu einer Zahl 5 und multipliziert die Summe mit 4, so erhält man die Zahl 44. Welche Zahl wird gesucht?

A. 6
B. 7
C. 8
D. 9
E. Keine Antwort ist richtig.

97) Wie lautet die Quadratzahl von 16?

A. 32
B. 225
C. 196
D. 256
E. Keine Antwort ist richtig.

98) Addieren Sie Ziffern der Zahlenreihe. Wie lautet diese Quersumme?

9 12 6 7 11

A. 45
B. 36
C. 35
D. 27
E. Keine Antwort ist richtig.

99) Addiert man zu einer Zahl 3 und multipliziert die Summe mit 3, so erhält man die Zahl 33. Welche Zahl wird gesucht?

A. 6
B. 7
C. 8
D. 9
E. Keine Antwort ist richtig.

100) Wie lautet das Ergebnis für folgende Aufgabe?

$(-3)^2 = ?$

A. –9
B. 9
C. 6
D. –6
E. Keine Antwort ist richtig.

101) Addiert man die Hälfte, ein Drittel und ein Viertel einer Zahl, so erhält man die Zahl 91. Wie lautet die gesuchte Zahl?

A. 64
B. 74
C. 84
D. 94
E. Keine Antwort ist richtig.

102) Ein Käsehersteller möchte einen Käseblock in vier gleiche Stücke teilen. Mit welcher Dezimalzahl muss er das Gewicht des Käseblocks multiplizieren, um das Gewicht eines Stücks zu erhalten?

A. 0,25
B. 0,75
C. 0,66
D. 0,50
E. Keine Antwort ist richtig.

103) Auszubildender Müller schreibt eine Klassenarbeit und fand, dass $\frac{1}{4}$ der Aufgaben sehr schwer waren und $\frac{1}{5}$ sehr leicht. Wie viel Prozent der Aufgaben lagen dazwischen?

A. 45 %
B. 50 %
C. 55 %
D. 60 %
E. Keine Antwort ist richtig.

104) Addiert man die Hälfte, ein Drittel und ein Viertel einer Zahl, so erhält man die Zahl 156. Wie lautet die gesuchte Zahl?

A. 124
B. 144
C. 164
D. 184
E. Keine Antwort ist richtig.

105) Addiert man ein Viertel, ein Sechstel und ein Drittel einer Zahl, so erhält man die Zahl 75. Wie lautet die gesuchte Zahl?

A. 6
B. 65
C. 75
D. 100
E. Keine Antwort ist richtig.

Angebote vergleichen

Bearbeitungszeit 10 Minuten

Verschiedene Angebote für ein und denselben Zweck können sich in Preis und Leistung deutlich unterscheiden.

Bitte prüfen Sie die Angebote und beantworten Sie die nachfolgenden Aufgaben, indem Sie jeweils den richtigen Lösungsbuchstaben markieren.

I. Hausreparatur 1

Herr Mayer hat zwei Angebote für eine kleine Reparatur am Haus vorliegen. Bei den Preisen handelt es sich um Nettopreise ohne Mehrwertsteuer.

Angebot 1		Angebot 2	
Arbeitszeit 4 Stunden à 24 €		Arbeitszeit 6 Stunden à 20 €	
Kosten für Anfahrt:	100 €	Kosten für Anfahrt:	110 €
Materialkosten:	104 €	Materialkosten:	90 €

106) Wie hoch ist der Netto-Rechnungsbetrag für Angebot 1?

A. 260 €
B. 270 €
C. 280 €
D. 300 €
E. Keine Antwort ist richtig.

107) Wie hoch ist der Netto-Rechnungsbetrag für Angebot 2?

A. 295 €
B. 300 €
C. 310 €
D. 320 €
E. Keine Antwort ist richtig.

108) Herr Mayer muss auf die Arbeitszeit 19 % Mehrwertsteuer zahlen. Wie hoch ist der Preis pro Arbeitsstunde für Angebot 1 inklusive Mehrwertsteuer?

A. 24 €
B. 26 €
C. 27,56 €
D. 28,56 €
E. Keine Antwort ist richtig.

II. Hausreparatur 2

Herr Mayer hat zwei Angebote für eine kleine Reparatur am Haus vorliegen. Bei den Preisen handelt es sich um Nettopreise ohne Mehrwertsteuer.

Angebot 1	
Arbeitszeit 8 Stunden à 26,25 €	
Kosten für Anfahrt:	146 €
Materialkosten:	120 €

Angebot 2	
Arbeitszeit 6 Stunden à 28,75 €	
Kosten für Anfahrt:	148 €
Materialkosten:	136 €

109) Wie hoch ist der Netto-Rechnungsbetrag für Angebot 1?

A. 400,15 €
B. 410 €
C. 423,50 €
D. 476 €
E. Keine Antwort ist richtig.

110) Wie hoch ist der Netto-Rechnungsbetrag für Angebot 2?

A. 456 €
B. 456,50 €
C. 476 €
D. 476,50 €
E. Keine Antwort ist richtig.

III. Betriebsumzug

Sie erhalten als Auszubildender von Ihrem Chef die Aufgabe, einen Lastkraftwagen (Lkw) anzumieten, um damit einen Umzug zu organisieren. Hierzu liegen Ihnen folgende Angebote vor:

Angebot 1
Montag bis Freitag je 24 h, inkl. 100 km **155 EUR**
Wochenende Fr. 17 Uhr – Mo. 9 Uhr inkl. 200 km **275 EUR**
1 Woche (5 Tage) inkl. 300 km **555 EUR**
Mehrkilometer je 0,50 EUR

Angebot 2

Montag bis Freitag je 24 h, inkl. 300 km
179 EUR

Wochenende Fr. 17 Uhr – Mo. 9 Uhr inkl. 300 km
299 EUR

1 Woche (5 Tage) inkl. 500 km
599 EUR

Mehrkilometer je 0,69 EUR

Die Entfernung vom Hauptsitz bis zum neuen Standort der Firma beträgt 55 km. Für den gesamten Umzug müsste die Strecke 6-mal gefahren werden.

111) Wie hoch sind die Mietkosten bei Angebot 1, wenn der Umzug an einem Werktag in 24 Stunden vollzogen werden soll?

A. 115 €
B. 150 €
C. 270 €
D. 290 €
E. Keine Antwort ist richtig.

112) Wie hoch sind die Mietkosten bei Angebot 2, wenn der Umzug an einem Werktag in 24 Stunden vollzogen werden soll?

A. 179 €
B. 199,70 €
C. 201,50 €
D. 206,50 €
E. Keine Antwort ist richtig.

113) Um wie viel Euro ist das preiswertere Angebot günstiger, wenn der Umzug an einem Wochenende vollzogen werden soll?

A. 20,30 €
B. 21,40 €
C. 32,50 €
D. 34,70 €
E. Keine Antwort ist richtig.

114) Um wie viel Euro ist das preiswertere Angebot günstiger, wenn der Umzug an einem Werktag vollzogen werden soll?

A. 50,70 €
B. 70,30 €
C. 80,60 €
D. 90,70 €
E. Keine Antwort ist richtig.

115) Wie viel Prozent ist der Wochenpreis ohne Berücksichtigung von gefahrenen Kilometern bei Angebot 2 höher als bei Angebot 1? Runden Sie das Ergebnis auf ganze Zahlen.

A. Rund 6 %

B. Rund 7 %

C. Rund 8 %

D. Rund 9 %

E. Keine Antwort ist richtig.

Materialbedarf berechnen *Bearbeitungszeit 10 Minuten*

Beantworten Sie bitte die folgenden Aufgaben, indem Sie jeweils den richtigen Lösungsbuchstaben markieren.

116) Herr Mayer möchte die Wände des Wohnzimmers neu tapezieren. Der Preis für eine Rolle Tapete, die 10 m lang und 80 cm breit ist, beträgt 6 €. Das Wohnzimmer ist 10 m breit, 5 m lang und 3 m hoch. Wie groß ist das Volumen von Herrn Mayers Wohnzimmer?

A. 125 m^3
B. 130 m^3
C. 150 m^3
D. 145 m^3
E. Keine Antwort ist richtig.

117) Wenn für die Fenster und Türen 10 m^2 Fläche abgezogen werden: Wie viel Fläche hat Herr Mayer zu tapezieren?

A. 40 m^2
B. 50 m^2
C. 70 m^2
D. 80 m^2
E. Keine Antwort ist richtig.

118) Wie viele Rollen Tapete muss Herr Mayer kaufen?

A. 8
B. 14
C. 10
D. 16
E. Keine Antwort ist richtig.

119) Herr Mayer möchte für mögliche Fehler einen Puffer von 10 % einkalkulieren. Wie viele Rollen muss er zusätzlich kaufen?

A. 0
B. 1
C. 2
D. 3
E. Keine Antwort ist richtig.

120) Herr Mayer möchte mit der gleichen Tapete auch seine Decke tapezieren. Welche Kosten entstehen insgesamt (ohne Puffer)?

A. 104 €
B. 97,50 €
C. 102 €
D. 106 €
E. Keine Antwort ist richtig.

121) Herr Mayer überlegt sich, die Decke und die Wände zu streichen. Ein Eimer mit Farbe reicht für 25 m². Wie viele Eimer benötigt Herr Mayer?

A. 3
B. 5,2
C. 5
D. 6
E. Keine Antwort ist richtig.

122) Eine Person benötigt 20 Minuten, um 10 m² Tapete zu entfernen, und 10 Minuten, um diese Fläche neu zu tapezieren. Wie viel Zeit benötigt Herr Mayer, wenn er diese Arbeiten alleine ausführt und sowohl Decke als auch Wände tapezieren möchte?

A. 6,5 h
B. 8,5 h
C. 10
D. 12 h
E. Keine Antwort ist richtig.

123) Es ist 15:20 Uhr. Bis wann benötigt Herr Mayer, um die Tapete von den Wänden und der Decke abzukratzen?

A. 18:20 Uhr
B. 18:30 Uhr
C. 19:40 Uhr
D. 20:00 Uhr
E. Keine Antwort ist richtig.

124) Herr Mayer möchte für das Wohnzimmer Holzleisten kaufen. Für 1 Meter Leiste muss er 6 € zahlen. Welchen Betrag muss Herr Mayer für die Leisten ausgeben?

A. 150 €
B. 160 €
C. 170 €
D. 180 €
E. Keine Antwort ist richtig.

125) Herr Mayer handelt den Preis für die Leisten um 5 % herunter. Wie teuer sind die Leisten jetzt?

A. 170 €
B. 171 €
C. 165 €
D. 169 €
E. Keine Antwort ist richtig.

Tabellen auswerten *Bearbeitungszeit 10 Minuten*

Welche Informationen liefert die Tabelle?

Bitte analysieren Sie die Angaben und beantworten Sie die nachfolgenden Aufgaben, indem Sie jeweils den richtigen Buchstaben markieren.

Haushaltsplan der Familie Mayer

Einnahmen und Ausgaben

Einnahmen		**Ausgaben**	
Löhne und Gehälter	2.800 €	Miete	635 €
		Lebensmittel	430 €
		Kreditrate	360 €
		PKW	270 €
		Möbel, Hausrat	165 €
		Kleidung	155 €
		Bildung, Hobbys	145 €
		Heizung	120 €
		Urlaub	115 €
		Versicherung	100 €
		Körperhygiene	55 €
		Sonstiges	50 €
Summe	**2.800 €**	**Summe**	**2.600 €**

126) Wie hoch sind die Gesamteinnahmen der Familie Mayer?

A. 1.600 €
B. 2.600 €
C. 2.800 €
D. 3.200 €
E. Keine Antwort ist richtig.

127) Wie hoch sind die Gesamtausgaben der Familie Mayer?

A. 2.400 €
B. 2.600 €
C. 2.800 €
D. 3.000 €
E. Keine Antwort ist richtig.

128) Wie hoch ist der monatliche Überschuss der Familie Mayer?

A. 100 €
B. 120 €
C. 150 €
D. 200 €
E. Keine Antwort ist richtig.

129) Wofür hat Familie Mayer die höchsten Aufwendungen?

A. Urlaub
B. PKW
C. Miete
D. Kreditrate
E. Keine Antwort ist richtig.

130) Wofür hat Familie Mayer die geringsten Aufwendungen?

A. Körperhygiene
B. Versicherung
C. Sonstiges
D. Heizung
E. Keine Antwort ist richtig.

131) Wofür gibt Familie Mayer mehr Geld aus als für den Urlaub?

A. Körperhygiene
B. Versicherung
C. Sonstiges
D. Kleidung
E. Keine Antwort ist richtig.

132) Familie Mayer plant einen zusätzlichen Urlaub, der 672 € kostet. Wie hoch ist dadurch das neue Urlaubs-Gesamtbudget?

A. 115 €
B. 145 €
C. 171 €
D. 787 €
E. Keine Antwort ist richtig.

133) Wie hoch ist der Betrag, den Familie Mayer monatlich für Urlaub, Bildung und Hobbys ausgibt?

A. 115 €
B. 145 €
C. 260 €
D. 280 €
E. Keine Antwort ist richtig.

134) Die Kreditrate der Familie Mayer ist …?

A. genauso hoch wie die Miete.
B. doppelt so hoch wie die Lebensmittel.
C. 205 € höher als die Kleidung.
D. halb so hoch wie die Miete.
E. Keine Antwort ist richtig.

135) Herr Mayer möchte das Abonnement seiner Tageszeitung, die jährlich 270 € kostet, kündigen und dafür ein wissenschaftliches Monatsmagazin für 7,50 € pro Ausgabe abonnieren. Wie hoch ist das dadurch veränderte monatliche Bildungsbudget?

A. 15 €
B. 160 €
C. 167,50 €
D. 130 €
E. Keine Antwort ist richtig.

Diagramm-Aufgaben

Bearbeitungszeit 10 Minuten

Welche Informationen liefert das Diagramm?

Bitte analysieren Sie das Schaubild und beantworten Sie die nachfolgenden Aufgaben, indem Sie jeweils den richtigen Buchstaben markieren.

I. Stromerzeugung in Deutschland

Vergleich 2011–2021, Angaben in Milliarden Kilowattstunden (kWh)

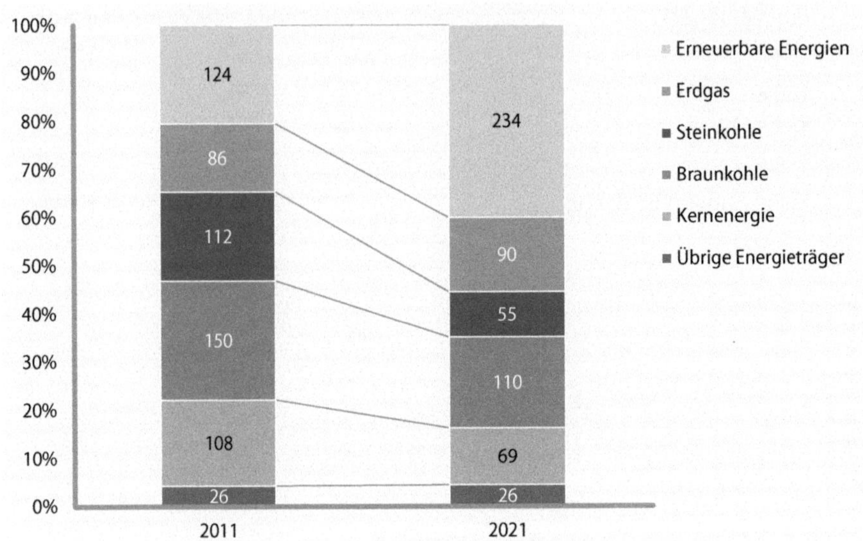

Quelle: Statistisches Bundesamt, AG Energiebilanzen e.V.

136) Wie groß war die Jahresmenge der Energieerzeugung in Deutschland 2021?

A. 503 Mrd. kWh
B. 527 Mrd. kWh
C. 584 Mrd. kWh
D. 557 Mrd. kWh
E. Keine Antwort ist richtig.

137) Wie groß war die durchschnittliche Monatsmenge der Energieerzeugung im Jahr 2011?

A. 56,5 Mrd. kWh
B. 50,5 Mrd. kWh
C. 47,6 Mrd. kWh
D. 57,3 Mrd. kWh
E. Keine Antwort ist richtig.

138) Wie stark nahm die durch Kernenergie erzeugte Energiemenge von 2011 bis 2021 ab, prozentual auf die Erzeugungsmenge von 2011 bezogen? Runden Sie das Ergebnis bitte auf eine Nachkommastelle.

A. 44,8 %

B. 36,1 %

C. 35,6 %

D. 37,4 %

E. Keine Antwort ist richtig.

139) Die Windkraft war 2021 mit rund 49 % Produktionsanteil der größte Erzeuger im Bereich erneuerbare Energien. Wie groß war die durch sie erzeugte Jahresmenge an Energie?

A. Ca. 115 Mrd. kWh

B. Ca. 118 Mrd. kWh

C. Ca. 123 Mrd. kWh

D. Ca. 113 Mrd. kWh

E. Keine Antwort ist richtig.

140) Wie hat sich der prozentuale Anteil des Energieträgers Erdgas an der insgesamt erzeugten Energiemenge von 2011 bis 2021 entwickelt?

A. Um weniger als 1 Prozentpunkt gesunken

B. Um mehr als 1 Prozentpunkt gesunken

C. Um weniger als 1 Prozentpunkt gestiegen

D. Um mehr als 1 Prozentpunkt gestiegen

E. Keine Antwort ist richtig.

II. Mengenkalkulation

Zur Herstellung des Fertigerzeugnisses F_1 braucht man verschiedene Elemente E und Bauteile B. Das folgende Schaubild gibt Aufschluss über alle benötigten Materialien.

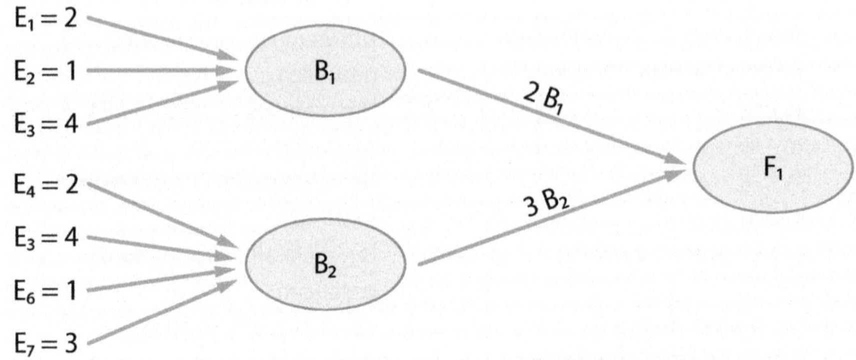

Hinweis: E = Elemente in Stk. | B = Bauteile in Stk. | F = Fertigerzeugnis in Stk.

141) Wie viele Elemente E werden zur Herstellung des Bauteils B_1 insgesamt benötigt?

A. 4
B. 5
C. 6
D. 7
E. Keine Antwort ist richtig.

142) Wie viele Elemente E werden zur Herstellung jeweils eines Bauteils B_1 und B_2 insgesamt benötigt?

A. 7
B. 10
C. 15
D. 17
E. Keine Antwort ist richtig.

143) Wie viele Elemente E_3 werden zur Herstellung eines Fertigerzeugnisses F_1 benötigt?

A. 4
B. 8
C. 12
D. 20
E. Keine Antwort ist richtig.

144) Für einen Kundenauftrag werden fünf Fertigerzeugnisse F_1 benötigt. Wie viele Elemente E_5 braucht man dafür insgesamt?

A. 1
B. 3
C. 4
D. 6
E. Keine Antwort ist richtig.

145) Wie viele Elemente E_1 würden für ein neues Fertigerzeugnis F_2 benötigt, das aus zwei Fertigerzeugnissen F_1 besteht?

A. 4

B. 8

C. 12

D. 60

E. Keine Antwort ist richtig.

Geometrie

Bearbeitungszeit 5 Minuten

Beantworten Sie bitte die folgenden Aufgaben, indem Sie jeweils den richtigen Lösungsbuchstaben markieren.

146) Wie groß ist die Oberfläche eines Quaders mit den Kantenlängen 3 dm, 9 cm und 0,24 m?

A. 926 cm^2
B. 1.206 cm^2
C. 2.412 cm^2
D. 2.548 cm^2
E. Keine Antwort ist richtig.

147) In einem Dreieck beträgt ein Innenwinkel 32°, ein zweiter 46°. Wie groß ist der dritte Winkel?

A. 56°
B. 45°
C. 90°
D. 102°
E. Das lässt sich aus den vorhandenen Angaben nicht eindeutig schließen.

148) Ein Versandkarton ist 12 Zentimeter lang, 6 Zentimeter breit und 5 Zentimeter hoch. Wie groß ist seine die Oberfläche?

A. 280 cm^2
B. 246 cm^2
C. 162 cm^2
D. 418 cm^2
E. 324 cm^2

149) In einem rechtwinkligen Dreieck ist die Ankathete (a) 3 Zentimeter und die Gegenkathete (b) 0,8 Dezimeter lang. Wie lang ist die Hypotenuse (c)?

A. Rund 8,54 cm
B. Rund 11 dm
C. Rund 7,45 cm
D. Rund 9 cm
E. Rund 0,08 dm

150) Ein Kreis hat einen Durchmesser von 20 Metern. Wie groß ist sein Flächeninhalt? Der Flächeninhalt eines Kreises berechnet sich nach der Formel: $A = \pi \times r^2$.

A. 400 m^2
B. 314 m^2
C. 3.256 m^2
D. 3.640 m^2
E. 269 m^2

Lösungen: Mathematik

1) 6	31) C	61) D
2) 37	32) D	62) D
3) 100	33) B	63) C
4) 6	34) C	64) C
5) 333	35) C	65) A
6) 13	36) C	66) D
7) 29	37) D	67) C
8) 20	38) E	68) D
9) 5	39) A	69) C
10) 6	40) A	70) C
11) 66	41)	71) C
12) 17	42)	72) D
13) 48	43)	73) C
14) 10	44)	74) C
15) 9	45)	75) C
16) C	46)	76) D
17) C	47)	77) D
18) C	48)	78) C
19) D	49)	79) C
20) B	50) siehe	80) D
21) D	51) Erklärung	81) B
22) C	52)	82) C
23) B	53)	83) D
24) D	54)	84) C
25) B	55)	85) C
26) D	56)	86) C
27) B	57)	87) C
28) A	58)	88) D
29) B	59)	89) D
30) B	60)	90) B

91) C	111) C	131) D
92) D	112) B	132) C
93) D	113) A	133) C
94) C	114) B	134) C
95) E	115) C	135) D
96) A	116) C	136) C
97) D	117) D	137) B
98) D	118) C	138) B
99) C	119) B	139) A
100) B	120) C	140) D
101) C	121) D	141) D
102) A	122) A	142) D
103) C	123) C	143) D
104) B	124) D	144) E
105) D	125) B	145) B
106) D	126) C	146) C
107) D	127) B	147) D
108) D	128) D	148) E
109) D	129) C	149) A
110) B	130) C	150) B

Kopfrechnen (Aufgaben 1–15)

Zu 1) $3 \times 6 \div 9 + 3 \times 9 \div 3 \times 2 - 3 \times 2 \div 9 = \boldsymbol{6}$

Zu 2) $9 \times 4 \div 6 \times 3 + 4 - 3 \times 2 + 4 \div 6 \times 5 + 2 = \boldsymbol{37}$

Zu 3) $84 + 14 \div 7 + 12 \div 2 \times 7 + 8 \div 3 - 5 \times 2 + 44 = \boldsymbol{100}$

Zu 4) $8 \times 8 - 8 \div 8 + 7 + 11 \div 5 \times 6 + 4 \div 2 + 1 \div 3 = \boldsymbol{6}$

Zu 5) $30 \div 6 + 23 + 46 - 2 \div 8 \times 9 + 9 + 909 \div 3 = \boldsymbol{333}$

Zu 6) $1 \times 2 + 3 \times 4 - 5 \times 2 + 15 \div 9 \times 10 - 11 \div 3 = \boldsymbol{13}$

Zu 7) $9 \times 8 \div 6 - 5 \times 7 + 6 \div 5 + 9 \times 3 \div 2 - 1 = \boldsymbol{29}$

Zu 8) $27 \div 3 + 18 \div 3 \times 2 + 118 - 30 \div 2 + 3 \div 7 \div 2 + 16 = \boldsymbol{20}$

Zu 9) $1.550 - 26 + 12 \div 3 \times 2 \div 4 - 156 - 20 \div 16 = \mathbf{5}$

Zu 10) $57 - 12 \div 9 + 12 - 3 \div 2 - 3 \times 5 + 6 \div 2 \times 3 - 3 \div 6 = \mathbf{6}$

Zu 11) $2 \times 2 + 2 \div 2 + 2 \times 2 - 2 + 22 \div 2 + 2 \times 2 - 2 \times 2 + 2 = \mathbf{66}$

Zu 12) $2 \times 4 + 5 \times 6 - 8 \div 2 - 2 \div 3 + 4 \div 5 + 9 \times 3 + 5 - 7 \div 2 = \mathbf{17}$

Zu 13) $4 + 8 \times 6 + 5 \div 7 + 6 \times 4 - 16 \div 4 + 12 \div 5 \times 4 + 3 - 7 \times 3 = \mathbf{48}$

Zu 14) $5 \times 5 + 3 \div 4 + 2 \times 2 - 3 \times 3 \div 9 + 9 \times 6 - 6 - 8 \div 7 = \mathbf{10}$

Zu 15) $9 \times 2 + 9 \div 3 \times 9 - 3 \div 6 + 15 \div 4 \times 5 + 11 \div 2 - 5 \div 6 + 78 \div 9 = \mathbf{9}$

Bruchrechnen (Aufgaben 16–25)

Zu 16) C. $\frac{5}{8}$

Brüche werden multipliziert, indem man Nenner mit Nenner und Zähler mit Zähler multipliziert. Das Ergebnis ist so weit wie möglich zu kürzen:

$$\frac{5}{4} \times \frac{2}{4} = \frac{10}{16} = \frac{5}{8}$$

Zu 17) C. $\frac{5}{4}$

Brüche werden dividiert, indem man mit dem Kehrwert multipliziert. Das Ergebnis ist so weit wie möglich zu kürzen:

$$\frac{10}{4} \div \frac{4}{2} = \frac{10}{4} \times \frac{2}{4} = \frac{20}{16} = \frac{5}{4}$$

Zu 18) C. $\frac{5}{2}$

Brüche werden subtrahiert, indem man einen gemeinsamen Nenner findet, die Zähler subtrahiert und den Nenner beibehält. Das Ergebnis ist so weit wie möglich zu kürzen:

$$\frac{7}{2} - \frac{3}{3} = \frac{21}{6} - \frac{6}{6} = \frac{15}{6} = \frac{5}{2}$$

Zu 19) D. $1\frac{1}{2}$

Ein Bruch wird mit einer ganzen Zahl multipliziert, indem man den Nenner beibehält und den Zähler mit der ganzen Zahl multipliziert. Das Ergebnis ist hier so weit wie möglich zu kürzen und als gemischte Zahl zu schreiben.

$$\frac{4}{8} \times 3 = \frac{12}{8} = \frac{3}{2} = 1\frac{1}{2}$$

Zu 20) B. $\frac{11}{6}$

Brüche werden addiert, indem man den gemeinsamen Nenner findet, die Zähler addiert und den Nenner beibehält. Das Ergebnis ist so weit wie möglich zu kürzen:

$$\frac{2}{4}+\frac{4}{3}=\frac{6}{12}+\frac{16}{12}=\frac{22}{12}=\frac{11}{6}$$

Zu 21) D. $\frac{23}{35}$

Brüche werden subtrahiert, indem man den gemeinsamen Nenner findet, diesen beibehält und die Zähler voneinander subtrahiert:

$$\frac{6}{7}-\frac{1}{5}=\frac{30}{35}-\frac{7}{35}=\frac{23}{35}$$

Zu 22) C. $\frac{11}{56}$

Brüche werden subtrahiert, indem man sie auf einen gemeinsamen Nenner bringt, die Zähler subtrahiert und den Nenner beibehält:

$$\frac{4}{7}-\frac{3}{8}=\frac{32}{56}-\frac{21}{56}=\frac{11}{56}$$

Zu 23) B. 2,6

Gemischte Zahlen sollten in Brüche umgewandelt werden. Danach werden die Brüche dividiert, indem man mit dem Kehrwert multipliziert. Das Ergebnis ist hier in Dezimalform zu bringen.

$$6\frac{2}{4}\div 2\frac{2}{4}=\frac{26}{4}\div\frac{10}{4}=\frac{26}{4}\times\frac{4}{10}=\frac{104}{40}$$

$$=2\frac{3}{5}=2{,}6$$

Zu 24) D. $1\frac{39}{56}$

Brüche werden dividiert, indem man den ersten Wert (Dividend) mit dem Kehrwert des zweiten Werts (des Divisors, durch den geteilt werden soll) multipliziert. Das Ergebnis ist hier als gemischte Zahl zu schreiben.

$$\frac{5}{8}\div\frac{7}{19}=\frac{5}{8}\times\frac{19}{7}=\frac{95}{56}=1\frac{39}{56}$$

Zu 25) B. $8\frac{6}{35}$

Gemischte Zahlen sollten zunächst in reine Brüche umgewandelt werden. Brüche werden multipliziert, indem man jeweils ihre Zähler und Nenner miteinander malnimmt. Anschließend ist das Ergebnis hier als gemischte Zahl zu schreiben:

$$2\frac{3}{5}\times 3\frac{1}{7}=\frac{13}{5}\times\frac{22}{7}=\frac{286}{35}=8\frac{6}{35}$$

Maßeinheiten umrechnen (Aufgaben 26–40)

Zu 26) D. zwei DIN-A4-Blätter.

Durch die Teilung eines DIN-A3-Blattes erhält man genau zwei DIN-A4-Blätter.

Zu 27) B. 14,35 dm

Die Spurweite beträgt 14,35 Dezimeter.
1 mm = 1/10 cm = 1/100 dm

1.435 mm = 1.435 × 1/100 dm =
14,35 dm

Zu 28) A. 78

Ein Gramm entspricht 1.000 Milligramm, also ergeben 0,078 Gramm 78 Milligramm:

0,078 × 1.000 mg = 78 mg

Zu 29) B. 8.000 m²

Die Grundfläche beträgt 8.000 m².

100 m × 80 m = 8.000 m²

Zu 30) B. 690

Eine Tonne entspricht 1.000 Kilogramm, also entsprechen 0,69 Tonnen 690 Kilogramm:

0,69 × 1.000 kg = 690 kg

Zu 31) C. 2,16

Ein Dezimeter entspricht 0,1 Metern, also ergeben 21,6 Dezimeter 2,16 Meter:

21,6 × 0,1 m = 2,16 m

Zu 32) D. 347

Ein Zentimeter entspricht 10 Millimetern, also ergeben 34,7 Zentimeter 347 Millimeter:

34,7 × 10 mm = 347 mm

Zu 33) B. 1.050 kg

Eine Tonne entspricht 1.000 Kilogramm, also ergeben 1,05 Tonnen 1.050 Kilogramm:

1,05 × 1.000 kg = 1.050 kg

Zu 34) C. 17.000 m²

Das Gewerbegrundstück im Nachbarort hat eine Grundfläche von 17.000 m².

1 ha = 10.000 m²

10.000 m² × 1,7 = 17.000 m²

Zu 35) C. 2,5

Ein Liter entspricht 10 Dezilitern, also ergeben 0,25 Liter 2,5 Deziliter:

0,25 × 10 dl = 2,5 dl

Zu 36) C. 4,1

Ein Zentner entspricht 50 Kilogramm bzw. 0,05 Tonnen, also ergeben 82 Zentner 4,1 Tonnen:

82 × 0,05 t = 4,1 t

Zu 37) D. 43.200 cm²

Die Bühnenfläche beträgt 43.200 cm².

Ein Meter entspricht 100 Zentimetern, demnach ergibt sich:

Bühnenfläche = 1,80 m × 2,40 m
= 180 cm × 240 cm = 43.200 cm^2

Zu 38) E. Keine Antwort ist richtig.

Dezimeter (dm) ist ein Längenmaß, Kubikmillimeter (mm^3) ein Raummaß. Längen- und Raummaße lassen sich nicht ineinander umrechnen.

Zu 39) A. 900.000

Ein Hektar entspricht 10.000 Quadratmetern bzw. 1.000.000 Quadratdezimetern, also ergeben 0,9 Hektar 900.000 Quadratdezimeter:

$0{,}9 \times 1.000.000\ dm^2 = 900.000\ dm^2$

Zu 40) A. 34,55 m^3

Das Ladevolumen beträgt 34,55 m^3.

$6{,}05\ m \times 2{,}43\ m \times 2{,}35\ m = 34{,}55\ m^3$

Gleichungen bilden (Aufgaben 41–60, Musterlösungen)

Zu 41–60)

Bitte überprüfen Sie Ihre Lösungen mit einem Taschenrechner. Es gibt unendlich viele Möglichkeiten – hier eine kleine Auswahl:

$2 + 3 = 5$

$3 + 4 = 7$

$8 + 2 = 10$

$5 + 3 = 8$

$4 \times 4 = 2 \times 8$

$2 \times 11 = 20 + 2$

$4 \times 7 = 20 + 8$

$4 + 4 = 8$

$2 \times 3 = 8 - 2$

$3 \times 3 = 20 - 11$

$4 \times 3 = 16 - 4$

$5 + 5 = 10$

$4 \times 20 = 8 \times 10$

$7 - 3 = 4$

$7 - 2 = 5$

$20 - 16 = 4$

$16 + 4 = 20$

$10 - 4 \div 2 = 8$

$11 - 8 \div 2 = 7$

$8 \div 10 = 16 \div 20$

$20 - 3 = 10 + 7$

$3 + 8 = 11$

$2 \times 2 \times 2 \times 2 \times 2 \times 2 = 4 \times 4 \times 4$

$20 \times 4 \div 2 = 2 \times 2 \times 2 \times 5$

$7 + 7 + 4 + 2 = 20$

$8 - 7 = 11 - 10$

$20 \times 16 = 10 \times 10 + 2 \times 10 \times 11$

$10 \times 20 \div 5 \div 4 = 16 \times 5 \div 8$

$20 \div 5 \times 4 = 8 \times 4 \div 2$

$3 + 7 = 10$

Dreisatz (Aufgaben 61–70)

Zu 61) D. 625 t

Zur Gewinnung von fünf kg Gold benötigt man 625 t Erz.

5.000 g ÷ 8 g × 1 t = 625 t

Zu 62) D. 8,10 €

Das Gespräch würde 8,10 € kosten.

3,60 € ÷ 4 min = 0,90 € pro Minute

0,90 €/min × 9 min = 8,10 €

Zu 63) C. 6,60 €

Das Gespräch würde 6,60 € kosten.

2,20 € ÷ 4 min = 0,55 € pro Minute

0,55 €/min × 12 min = 6,60 €

Zu 64) C. 2,16 kg

500 Blatt Kopierpapier wiegen 2,16 kg.

10,8 kg ÷ 2.500 × 500 = 2,16 kg

Zu 65) A. 8

Sechs Arbeiter brauchen acht Stunden für die gleiche Arbeit.

8 Arbeiter × 6 h = 48 h

48 h ÷ 6 Arbeiter = 8 h

Zu 66) D. 120 €

Der Quadratmeterpreis des Spezialbodens beträgt 120 €.

8 m × 12 m = 96 m^2

11.520 € ÷ 96 m^2 = 120 € pro m^2

Zu 67) C. 2.100 kg

Herr Mayer benötigt für diesen Auftrag 2.100 kg Blech.

1.500 kg ÷ 100 Teile = 15 kg pro Ersatzteil

15 kg × 140 Ersatzteile = 2.100 kg

Zu 68) D. 25 Tage

Der Auftrag erfordert 25 Arbeitstage.

10 Mitarbeiter × 20 d = 200 d Gesamtzeit

200 d ÷ 8 Mitarbeiter = 25 d

Zu 69) C. 285 kg

Es werden 285 kg Obst benötigt.

140 + 10 = 150 Personen

266 kg ÷ 140 × 150 = 285 kg Obst

Zu 70) C. 840 kWh

Der Stromverbrauch würde 840 kWh betragen.

420 kWh ÷ 6 Maschinen ÷ 2 d
= 35 kWh pro Maschine pro Tag

35 kWh × 8 (Maschinen) × 3 (Tage)
= 840 kWh

Gemischte Textaufgaben (Aufgaben 71–85)

Zu 71) C. 50

Herr Müller bräuchte fünfzig 20-Cent-Stücke.

100 Stk. × 10 Cent/Stk. = 1.000 Cent

1.000 Cent ÷ 20 Cent/Stk. = 50 Stk.

Zu 72) D. 90 min

Herr Mayer benötigt 90 Minuten Fahrtzeit.

60 km ÷ 40 km/h = 1,5 h = 90 min

Zu 73) C. 1 Minute

Es würde eine Minute dauern.

6 s ÷ 3 l × 30 l = 60 s

Zu 74) C. 600 €

Der Anteil von Person A beträgt 600 €.

2 × 300 € = 600 €

Zu 75) C. In der Gesamtbevölkerung leiden im Durchschnitt weniger Menschen unter Kopfschmerzen als in den Dörfern.

In der Gesamtbevölkerung leidet jeder Zwölfte unter Kopfschmerzen. Von hundert Menschen sind betroffen: 100 ÷ 12 = 8,33 (entspricht 8,33 %).

In der Dorfbevölkerung leidet jeder Neunte unter Kopfschmerzen. Von hundert Menschen sind betroffen: 100 ÷ 9 = 11,11 (entspricht 11,11 %).

Zu 76) D. 13,8 km

Herr Mayer legt pro Stunde 13,8 km zurück.

41,4 km ÷ 3 h = 13,8 km/h

Zu 77) D. 1,80 €

5,85 € ÷ 3,25 l = 1,80 € pro Liter

Zu 78) C. 20 l

Das Fahrzeug hätte auf einer Strecke von 250 km einen Verbrauch von 20 Litern.

8 l ÷ 100 km = 0,08 Liter pro km

0,08 l/km × 250 km = 20 l

Zu 79) C. 3 €

Das Kilogramm Birnen kostet 3 €.

Äpfel: 10 kg × 2,50 €/kg = 25 €

Birnen: 55 € – 25 € = 30 €

30 € ÷ 10 kg = 3 € pro kg Birnen

Zu 80) D. 4.050

In 4.050 Haushalten leben Jungen.

9.000 × ¾ = 6.750 Haushalte mit Kindern

6.750 × ⅗ = 4.050 Haushalte mit Jungen

Zu 81) B. 210 €

Auszubildende Miriam hat einen Mietanteil von 210 € zu zahlen.

21 m^2 + 24 m^2 + 25 m^2 = 70 m^2

$700\ € \div 70\ m^2 \div = 10\ €$ pro m^2

$21\ m^2 \times 10\ €/m^2 = 210\ €$

Zu 82) **C.** 160 km

Der ICE ist 160 km vom Ziel entfernt.

4 h 30 min – 3 h 10 min = 80 min (1⅓ h)

120 km/h × 1⅓ h = 160 km

Zu 83) **D.** 8 Liter

Das Fahrzeug hat einen durchschnittlichen Verbrauch von 8 l auf 100 km.

80 l ÷ 1.000 km × 100 km = 8 l

Zu 84) **C.** 30

Durch die Verkleinerung könnten 30 Bauplätze erschlossen werden.

$$\text{Prozentwert} = \frac{\text{Grundwert} \times \text{Prozentsatz}}{100}$$

$$\text{Prozentwert} = \frac{500 \times 80}{100} = 400\,m^2$$

$24 \times 500\ m^2 = 12.000\ m^2$

$12.000\ m^2 \div 400\ m^2 = 30$ Bauplätze

Zu 85) **C.** 108 km/h

Um die 400 Meter Rückstand in 30 Sekunden aufzuholen, müsste Frau Müller 48 km/h schneller fahren als ihr Mann:

400 m = 0,4 km

$$30\,s = \frac{30}{3.600}\,h = \frac{1}{120}\,h$$

$$0{,}4\,km \div \frac{1}{120}\,h = 0{,}4\,km \times \frac{120}{1h}$$

$$= 48\,km/h$$

Da Herr Müller mit 60 km/h fährt, müsste seine Frau mit 108 km/h fahren:

60 km/h + 48 km/h = 108 km/h

Prozentrechnen (Aufgaben 86–95)

Zu 86) **C.** 2.400 €

Herr Mayer würde einen Betrag von 2.400 € sparen.

$$\text{Prozentwert} = \frac{\text{Grundwert} \times \text{Prozentsatz}}{100}$$

$$\text{Prozentwert} = \frac{16.000\,€ \times 15\,\%}{100} = 2.400\,€$$

Zu 87) **C.** 40 %

Herr Mayer konnte einen Gewinn von 40 Prozent erzielen.

$$\text{Prozentsatz} = \frac{\text{Prozentwert} \times 100}{\text{Grundwert}}$$

$$\text{Prozentsatz} = \frac{1.200\,€ \times 100}{3.000\,€} = 40\,\%$$

Zu 88) D. 3.000 €

Ohne Rabatt hätte der Kunde einen Preis von 3.000 € zahlen müssen.

$$\text{Grundwert} = \frac{\text{Prozentwert} \times 100}{\text{Prozentsatz}}$$

$$\text{Grundwert} = \frac{2.400\,€ \times 100}{80\,\%} = 3.000\,€$$

Zu 89) D. 34.920 €

Bei einer Barzahlung müsste Herr Müller 34.920 € zahlen.

$$\text{Prozentwert} = \frac{\text{Grundwert} \times \text{Prozentsatz}}{100}$$

$$\text{Prozentwert} = \frac{45.000\,€ \times 80}{100} = 36.000\,€$$

$$\text{Prozentwert} = \frac{36.000\,€ \times 97}{100} = 34.920\,€$$

Zu 90) B. 3.500 €

Vor der Tariferhöhung erhielt Herr Müller ein Gehalt von 3.500 €.

$$\text{Grundwert} = \frac{\text{Prozentwert} \times 100}{\text{Prozentsatz}}$$

$$\text{Grundwert} = \frac{175\,€ \times 100}{5\,\%} = 3.500\,€$$

Zu 91) C. 2.000 €

Der Kaufpreis betrug vor der Reduzierung 2.000 €.

$$\text{Grundwert} = \frac{\text{Prozentwert} \times 100}{\text{Prozentsatz}}$$

$$\text{Grundwert} = \frac{300\,€ \times 100}{15\,\%} = 2.000\,€$$

Zu 92) D. 80 %

80 Prozent der anwesenden Beschäftigten haben bei der Betriebsratswahl gewählt.

$$\text{Prozentsatz} = \frac{\text{Prozentwert} \times 100}{\text{Grundwert}}$$

$$\text{Prozentsatz} = \frac{72\,\text{B} \times 100}{90\,\text{B}} = 80\,\%$$

Zu 93) D. 12

Herr Mayer beschäftigt 12 Frauen.

$$\text{Prozentwert} = \frac{\text{Grundwert} \times \text{Prozentsatz}}{100}$$

$$\text{Prozentwert} = \frac{60 \times 20\,\%}{100} = 12$$

Zu 94) C. 2.000 €

Die Lautsprecher hätten ohne Rabatt 2.000 € gekostet.

$$\text{Grundwert} = \frac{\text{Prozentwert} \times 100}{\text{Prozentsatz}}$$

$$\text{Grundwert} = \frac{1.700\,€ \times 100}{85\,\%} = 2.000\,€$$

Zu 95) E. Keine Antwort ist richtig.

Herr Mayer müsste jährlich 1.200 € zahlen.

$636\,€ \times 2 = 1.272\,€$

$$\text{Grundwert} = \frac{\text{Prozentwert} \times 100}{\text{Prozentsatz}}$$

$$\text{Grundwert} = \frac{1.272\,€ \times 100}{106\,\%} = 1.200\,€$$

Mathematische Kniffeleien (Aufgaben 96–105)

Zu 96) A. 6

Es handelt sich um die Zahl 6.

Am besten rechnet man diese Aufgabe rückwärts.

$44 \div 4 = 11$

$11 - 5 = 6$

Zu 97) D. 256

Die Quadratzahl von 16 lautet 256.

$16^2 = 16 \times 16 = 256$

Zu 98) D. 27

Die Quersumme der Ziffern lautet 27.

$9 + 1 + 2 + 6 + 7 + 1 + 1 = 27$

Die Quersumme wird üblicherweise aus der Summe der Ziffernwerte einer natürlichen Zahl gebildet.

Zu 99) C. 8

Rechnen Sie rückwärts:

$33 \div 3 = 11$

$11 - 3 - 8$

Zu 100) B. 9

Das Ergebnis lautet 9; minus mal minus ergibt plus:

$-3 \times -3 = 9$

Zu 101) C. 84

Die gesuchte Zahl ist 84.

$$\frac{1}{2}x + \frac{1}{3}x + \frac{1}{4}x = 91$$

$$\frac{6}{12}x + \frac{4}{12}x + \frac{3}{12}x = 91$$

$$\frac{13}{12}x = 91$$

$x = 91 \times 12 \div 13 = 84$

Zu 102) A. 0,25

$1 \div 4 = 0{,}25$

Zu 103) C. 55 %

55 Prozent der Aufgaben waren weder sehr schwer noch sehr leicht.

$\frac{1}{4} = 25\,\%$

$\frac{1}{5} = 20\,\%$

$25\,\% + 20\,\% = 45\,\%$

$100\,\% - 45\,\% = 55\,\%$

Zu 104) B. 144

Die gesuchte Zahl lautet 144.

$$\frac{1}{2}x + \frac{1}{3}x + \frac{1}{4}x = 156$$

$$\frac{6}{12}x + \frac{4}{12}x + \frac{3}{12}x = 156$$

$\frac{13}{12}x = 156$

$x = 156 \times 12 \div 13 = 144$

Zu 105) D. 100

Die gesuchte Zahl lautet 100.

$\frac{1}{4}x + \frac{1}{6}x + \frac{1}{3}x = 75$

$\frac{3}{12}x + \frac{2}{12}x + \frac{4}{12}x = 75$

$\frac{9}{12}x = 75 \quad | \times 12$

$9x = 12 \times 75$

$9x = 900 \quad | \div 9$

$x = 900 \div 9 = 100$

Angebote vergleichen (Aufgaben 106–115)

I. Hausreparatur 1

Zu 106) D. 300 €

Für das Angebot 1 entstünden Herrn Mayer Nettokosten von 300 €.

4 h × 24 € + 100 € + 104 € = 300 €

Zu 107) D. 320 €

Für das Angebot 2 entstünden Herrn Mayer Nettokosten von 320 €.

6 h × 20 € + 110 € + 90 € = 320 €

Zu 108) D. 28,56 €

Herr Mayer müsste für Angebot 1 inklusive Mehrwertsteuer 28,56 € pro Arbeitsstunde zahlen.

24 € + (24 € × 0,19) = 24 € + 4,56 € = 28,56 €

II. Hausreparatur 2

Zu 109) D. 476 €

Für das Angebot 1 entstünden Herrn Mayer Nettokosten von 476 €.

8 h × 26,25 € + 146 € + 120 € = 476 €

Zu 110) B. 456,50 €

Für das Angebot 2 entstünden Herrn Mayer Nettokosten von 456,50 €.

6 h × 28,75 € + 148 € + 136 € = 456,50 €

III. Betriebsumzug

Zu 111) C. 270 €

Die Mietkosten würden 270 € betragen.

55 km × 6 = 330 km (Gesamtstrecke)

330 km – 100 km = 230 km (Mehrkilometer)

230 km × 0,50 €/km = 115 € (Kosten für Mehrkilometer)

155 € + 115 € = 270 €

Zu 112) B. 199,70 €

Die Mietkosten würden 199,70 € betragen.

55 km × 6 = 330 km (Gesamtstrecke)

330 km – 300 km = 30 km (Mehrkilometer)

30 km × 0,69 €/km = 20,70 € (Kosten für Mehrkilometer)

179 € + 20,70 € = 199,70 €

Zu 113) A. 20,30 €

Das Angebot 2 ist um 20,30 € günstiger als Angebot 1.

Angebot 1:

55 km × 6 = 330 km (Gesamtstrecke)

330 km − 200 km = 130 km (Mehrkilometer)

130 km × 0,50 €/km = 65 € (Kosten für Mehrkilometer)

275 € + 65 € = 340 €

Angebot 2:

55 km × 6 = 330 km (Gesamtstrecke)

330 km − 300 km = 30 km (Mehrkilometer)

30 km × 0,69 €/km = 20,70 € (Kosten für Mehrkilometer)

299 € + 20,70 € = 319,70 €

340 € − 319,70 € = 20,30 € (Differenz)

Zu 114) B. 70,30 €

Das Angebot 2 ist um 70,30 € günstiger als Angebot 1.

Angebot 1:

55 km × 6 = 330 km (Gesamtstrecke)

330 km − 100 km = 230 km (Mehrkilometer)

230 km × 0,50 €/km = 115 € (Kosten für Mehrkilometer)

155 € + 115 € = 270 €

Angebot 2:

55 km × 6 = 330 km (Gesamtstrecke)

330 km − 300 km = 30 km (Mehrkilometer)

30 km × 0,69 €/km = 20,70 € (Kosten für Mehrkilometer)

179 € + 20,70 € = 199,70 €

270 € − 199,70 € = 70,30 € (Differenz)

Zu 115) C. Rund 8 %

Das Angebot 2 ist etwa 8 Prozent teurer als Angebot 1.

$$\text{Prozentsatz} = \frac{\text{Prozentwert} \times 100}{\text{Grundwert}}$$

$$\text{Prozentsatz} = \frac{599\,€ \times 100}{555\,€} = 107{,}93\,\%$$

107,93 % − 100 % ≈ 8 %

Materialbedarf berechnen (Aufgaben 116–125)

Zu 116) C. 150 m^3

Der Rauminhalt von Herrn Schmidts Wohnzimmer beträgt 98,28 m^3.

Das Volumen berechnet sich wie folgt:

$V = l \times b \times h = 5\,m \times 10\,m \times 3\,m$
$= 150\,m^3$

Zu 117) D. $80\ m^2$

Die zu tapezierende Fläche beträgt $80\ m^2$.

Wohnzimmerumfang: $(2 \times 10\ m) + (2 \times 5\ m) = 30\ m$

Wandfläche mit Abzug: $(30\ m \times 3\ m) - 10\ m^2 = 80\ m^2$

Zu 118) C. 10

Herr Mayer muss für sein Wohnzimmer 10 Rollen Tapete kaufen.

Eine Rolle reicht für $10\ m \times 0{,}8\ m = 8\ m^2$.

$80\ m^2 \div 8\ m^2$/Rolle = 10 Rollen

Zu 119) B. 1

Herr Mayer muss für sein Wohnzimmer 1 Rolle Tapete zusätzlich kaufen, also insgesamt 11 Rollen.

$$\text{Gesamtfläche}: 80\,m^2 + \frac{80\,m^2 \times 10\,\%}{100}$$

$$= 88\,m^2$$

$88\ m^2 \div 8\ m^2$/Rolle = 11 Rollen

Zu 120) C. 102 €

Herr Mayer müsste 17 Rollen Tapete für 102 € erwerben.

Deckenfläche: $5\ m \times 10\ m = 50\ m^2$

Wandfläche: $(30\ m \times 3\ m) - 10\ m^2 = 80\ m^2$

Gesamtfläche: $80\ m^2 + 50\ m^2 = 130\ m^2$

$130\ m^2 \div 8\ m^2 = 16{,}25$ (benötigt: 17 Rollen)

17 Rollen Tapete kosten 17×6 € = 102 €.

Zu 121) D. 6

Herr Mayer benötigt sechs Eimer Farbe für das Wohnzimmer.

Deckenfläche: $50\ m^2$

Wandfläche: $80\ m^2$

Gesamtfläche: $50\ m^2 + 80\ m^2 = 130\ m^2$

$130\ m^2 \div 25\ m^2 = 5{,}2$ (es gibt nur ganze Eimer, also wird aufgerundet)

Zu 122) A. 6,5 h

Herr Mayer benötigt 6,5 Stunden, wenn er sein Wohnzimmer alleine renoviert.

$130\ m^2 \div 10\ m^2 \times (20\ min + 10\ min) = 390\ min = 6{,}5\ h$

Zu 123) C. 19:40 Uhr

Herr Mayer braucht 4 Stunden und 20 Minuten, also bis 19:40 Uhr.

$130\ m^2 \div 10\ m^2 \times (20\ min) = 260\ min = 4\ h$ und $20\ min$

15:20 Uhr + 4 h und 20 min = 19:40 Uhr

Zu 124) D. 180 €

Herr Mayer muss einen Betrag von 180 € für die Leisten zahlen.

(2 × 10 m Länge) + (2 × 5 m Breite)
= 30 m Leisten

30 m × 6 €/m = 180 €

Zu 125) B. 171 €

Die Leisten kosten jetzt nur noch 171 €.

$$\text{Prozentwert} = \frac{\text{Grundwert} \times \text{Prozentsatz}}{100}$$

$$\text{Prozentwert} = \frac{180\,€ \times 95\,\%}{100} = 171\,€$$

Tabellen auswerten (Aufgaben 126–135)

Zu 126) C. 2.800 €

Die Gesamteinnahmen der Familie Mayer betragen 2.800 €.

Löhne und Gehälter = 2.800 €

Zu 127) B. 2.600 €

Die Gesamtausgaben der Familie Mayer betragen 2.600 €.

Summe der Ausgaben = 2.600 €

Zu 128) D. 200 €

Familie Mayer hat monatlich einen Überschuss von 200 €.

2800 € – 2600 € = 200 €

Zu 129) C. Miete

Die monatliche Aufwendung für die Miete beträgt 635 € und ist somit am höchsten.

Zu 130) C. Sonstiges

Die monatlichen Aufwendungen für „Sonstiges" sind mit 50 € am geringsten.

Zu 131) D. Kleidung

Die monatlichen Aufwendungen für Kleidung betragen 40 € mehr als für den Urlaub.

Kleidung = 155 €

Urlaub = 115 €

Zu 132) C. 171 €

Das neue Gesamtbudget für Urlaub würde 171 € betragen.

672 € ÷ 12 = 56 € monatliche Zusatzkosten

115 € + 56 € = 171 € Urlaubsbudget

Zu 133) C. 260 €

Familie Mayer gibt monatlich 260 € für Urlaub, Bildung und Hobbys aus.

Urlaub = 115 €

Bildung, Hobbys = 145 €

Summe = 145 € + 115 € = 260 €

Zu 134) C. 205 € höher als die Kleidung.

Die monatliche Aufwendung für die Kreditrate liegt mit 360 € genau 205 € über den Ausgaben für Kleidung.

360 € – 155 € = 205 €

Zu 135) D. 130 €

Die Ausgaben für Bildung sinken dadurch um 15 € auf 130 €.

270 € ÷ 12 = 22,5 € Monatsausgaben für Tageszeitung

22,5 € – 7,5 € = 15 € monatliche Ersparnis

145 € – 15 € = 130 €

Diagramm-Aufgaben (Aufgaben 136–145)

I. Stromerzeugung in Deutschland

Zu 136) C. 584 Mrd. kWh

Die insgesamt erzeugte Energiemenge ergibt sich aus der Addition aller Einzelposten:

234 Mrd. kWh + 90 Mrd. kWh + 55 Mrd. kWh + 110 Mrd. kWh + 69 Mrd. kWh + 26 Mrd. kWh = 584 Mrd. kWh

Im Jahr 2021 erzeugten die verschiedenen Energieträger in Deutschland zusammen 584 Milliarden Kilowattstunden Energie.

Zu 137) B. 50,5 Mrd. kWh

Die durchschnittliche monatliche Energiemenge ergibt sich aus der Jahresmenge, geteilt durch die Anzahl der Monate:

124 Mrd. kWh + 86 Mrd. kWh + 112 Mrd. kWh + 150 Mrd. kWh + 108 Mrd. kWh + 26 Mrd. kWh = 606 Mrd. kWh

606 Mrd. kWh ÷ 12 = 50,5 Mrd. kWh

Durchschnittlich erzeugten die Energieträger in Deutschland 2011 pro Monat 50,5 Milliarden Kilowattstunden Energie.

Zu 138) B. 36,1 %

Die Energiemenge sank von 108 auf 69 Milliarden Kilowattstunden. In Prozent lässt sich diese Abnahme wie folgt berechnen:

$$\text{Prozentsatz} = \frac{\text{Prozentwert} \times 100}{\text{Grundwert}}$$

$$\text{Prozentsatz} = \frac{69\,\text{Mrd. kWh} \times 100}{108\,\text{Mrd. kWh}}$$

$$= 63{,}9\,\%$$

Im Jahr 2021 betrug die Erzeugungsmenge der Kernenergie ca. 63,9 % des Werts von 2011, sie ist also um rund 36,1 % gesunken.

Zu 139) A. Ca. 115 Mrd. kWh

Im Jahr 2021 stammten 234 Milliarden Kilowattstunden aus dem Bereich erneuerbare Energien. Ein 49-%-Anteil daran berechnet sich wie folgt:

$$\text{Prozentwert} = \frac{\text{Grundwert} \times \text{Prozentsatz}}{100}$$

$$\text{Prozentwert} = \frac{49 \times 234\,\text{Mrd. kWh}}{100}$$

$$= 114{,}7\,\text{Mrd. kWh}$$

Im Jahr 2021 wurden durch Windkraft rund 115 Milliarden Kilowattstunden Energie erzeugt.

Zu 140) D. Um mehr als 1 Prozentpunkt gestiegen

Die Anteile beider Jahre sind zunächst getrennt nach folgender Rechnung zu bestimmen:

$$\text{Prozentsatz} = \frac{\text{Prozentwert} \times 100}{\text{Grundwert}}$$

Der Erdgas-Anteil im Jahr 2011 betrug:

$$\text{Prozentsatz} = \frac{86\,\text{Mrd. kWh} \times 100}{606\,\text{Mrd. kWh}}$$

$$= 14{,}2\,\%$$

Der Anteil im Jahr 2021 betrug:

$$\text{Prozentsatz} = \frac{90\,\text{Mrd. kWh} \times 100}{584\,\text{Mrd. kWh}}$$

$$= 15{,}4\,\%$$

Während die absolut erzeugte Energiemenge um 22 Milliarden Kilowattstunden sank, wuchs der prozentuale Anteil von Erdgas an der Gesamtmenge leicht um 1,2 Prozentpunkte.

II. Mengenkalkulation

Zu 141) D. 7

Zur Herstellung von B_1 werden 7 Elemente E benötigt.

$2\,(E_1) + 1\,(E_2) + 4\,(E_3) = 7$

Zu 142) D. 17

Zur Herstellung von B_1 und B_2 werden 17 Elemente E benötigt.

B_1: $2\,(E_1) + 1\,(E_2) + 4\,(E_3) = 7$

B_2: $2\,(E_4) + 4\,(E_3) + 1\,(E_6) + 3\,(E_7) = 10$

$7 + 10 = 17$

Zu 143) D. 20

Zur Herstellung eines Fertigerzeugnisses F_1 werden 20 Elemente E_3 benötigt.

B_1: $4 \times 2 = 8$

B_2: $4 \times 3 = 12$

$8 + 12 = 20$

Zu 144) E. Keine Antwort ist richtig.

Zur Herstellung eines Fertigerzeugnisses F_1 wird kein Element E_5 benötigt.

Zu 145) B. 8

Zur Herstellung von 2 Fertigerzeugnissen F_1 werden 8 Elemente E_1 benötigt.

$2 \times 2 \times 2 = 8$

Geometrie (Aufgaben 146–150)

Zu 146) C. 2.412 cm^2

Die gesamte Oberfläche eines Quaders besteht aus 6 Einzelflächen, wobei jeweils gegenüberliegende Flächen gleiche Abmessungen und dementsprechend auch den gleichen Flächeninhalt besitzen. Man muss also nicht den Inhalt aller 6 Flächen einzeln ausrechnen, sondern nur die 3 unterschiedlichen Flächeninhalte, die anschließend verdoppelt und addiert werden. Natürlich sind die Werte vorher in die gleiche Einheit zu bringen:

$O = 2\,(l \times b) + 2\,(b \times h) + 2\,(l \times h)$

Durch Einsetzen ergibt sich:

$O = 2\,(3\text{ dm} \times 9\text{ cm}) + 2\,(3\text{ dm} \times 0{,}24\text{ m}) + 2\,(9\text{ cm} \times 0{,}24\text{ m}) = 2\,(30\text{ cm} \times 9\text{ cm}) + 2\,(30\text{ cm} \times 24\text{ cm}) + 2\,(9\text{ cm} \times 24\text{ cm}) = 2 \times 270\text{ cm}^2 + 2 \times 720\text{ cm}^2 + 2 \times 216\text{ cm}^2 = 540\text{ cm}^2 + 1.440\text{ cm}^2 + 432\text{ cm}^2 = 2.412\text{ cm}^2$

Die Gesamtoberfläche des Quaders beträgt 2.412 Quadratzentimeter.

Zu 147) D. 102°

Die Summe der Innenwinkel eines Dreiecks beträgt immer 180°. Der dritte Winkel lässt sich daher durch einfaches Subtrahieren berechnen:

$180° - 32° - 46° = 180° - 78° = 102°$

Der dritte Winkel beträgt 102°.

Zu 148) E. 324 cm^2

Die gesamte Oberfläche des Kartons besteht aus 6 rechteckigen Einzelflächen, wobei jeweils gegenüberliegende Flächen gleiche Abmessungen und dementsprechend auch den gleichen Flächeninhalt besitzen. Man muss also nicht den Inhalt aller 6 Flächen einzeln ausrechnen, sondern nur die 3 unterschiedlichen Flächeninhalte, die anschließend verdoppelt und addiert werden:

$O = 2\,(l \times b) + 2\,(b \times h) + 2\,(l \times h)$

Durch Einsetzen ergibt sich:

$O = 2\,(12\text{ cm} \times 6\text{ cm}) + 2\,(6\text{ cm} \times 5\text{ cm}) + 2\,(12\text{ cm} \times 5\text{ cm}) = 2 \times 72\text{ cm}^2 + 2 \times 30\text{ cm}^2 + 2 \times 60\text{ cm}^2 = 144\text{ cm}^2 + 60\text{ cm}^2 + 120\text{ cm}^2 = 324\text{ cm}^2$

Die Gesamtoberfläche des Kartons beträgt 324 Quadratzentimeter.

Zu 149) A. Rund 8,54 cm

Die Länge der Hypotenuse lässt sich durch den Satz des Pythagoras ($a^2 + b^2 = c^2$) berechnen. Die in der Aufgabenstellung angegebenen Längenwerte sind in die gleiche Einheit umzuformen:

$c^2 = a^2 + b^2 = (3\text{ cm})^2 + (0{,}8\text{ dm})^2 = (3\text{ cm})^2 + (8\text{ cm})^2 = 9\text{ cm}^2 + 64\text{ cm}^2 = 73\text{ cm}^2$

$c = \sqrt{73\,cm^2} \approx 8{,}54\,cm$

Die Hypotenuse ist rund 8,54 Zentimeter (bzw. 0,854 Dezimeter) lang.

Zu 150) B. 314 m^2

Die angegebene Formel bezieht sich auf den Radius (r) des Kreises. In der Aufgabenstellung wird jedoch der Durchmesser (d) genannt, der die doppelte Länge des Radius besitzt:

$$r = \frac{d}{2} = \frac{20\,m}{2} = 10\,m$$

Nun lässt sich die Fläche durch Einsetzen berechnen:

$A = \pi \times r^2 \approx 3{,}14 \times (10\ m)^2 \approx 3{,}14 \times 100\ m^2 \approx 314\ m^2$

Der Kreis hat einen Flächeninhalt von rund 314 Quadratmetern.

Logisches Denkvermögen

Zahlenreihen

Bearbeitungszeit 10 Minuten

Jede Zahlenreihe ist sinnvoll nach einer bestimmten Bildungsregel aufgebaut. Welche Zahl setzt die Reihe logisch fort?

Hierzu ein Beispiel

Aufgabe

1)

1	**2**	**3**	**4**	**5**	**?**

A. 6
B. 7
C. 8
D. 9
E. Keine Antwort ist richtig.

Antwort

A. 6

Gesucht ist die 6: Jede Zahl ist um 1 größer als ihre Vorgängerin.

Bitte bearbeiten Sie nun die Aufgaben: Setzen Sie die Zahlenreihen sinnvoll fort, indem Sie jeweils den richtigen Lösungsbuchstaben markieren.

1)

4	**6**	**9**	**13**	**15**	**?**

A. 18
B. 26
C. 24
D. 22
E. Keine Antwort ist richtig.

2)

9	27	24	72	69	207	?

A. 144
B. 132
C. 138
D. 204
E. Keine Antwort ist richtig.

3)

2	4	8	16	?

A. 26
B. 25
C. 48
D. 32
E. Keine Antwort ist richtig.

4)

80	20	60	15	45	?

A. $^{45}/_{4}$
B. 35
C. 30
D. 60
E. Keine Antwort ist richtig.

5)

30	6	24	8	?

A. 16
B. 2
C. 10
D. 18
E. Keine Antwort ist richtig.

6)

20	8	15	16	10	24	?

A. 7
B. 9
C. 5
D. 14
E. Keine Antwort ist richtig.

7)

2	2	4	8	32	?

A. 40
B. 64
C. 72
D. 256
E. Keine Antwort ist richtig.

8)

6	8	12	20	22	26	?

A. 14
B. 8
C. 20
D. 34
E. Keine Antwort ist richtig.

9)

5	20	23	21	84	87	?

A. 240
B. 85
C. 340
D. 83
E. Keine Antwort ist richtig.

10)

20	10	7	28	14	11	?

A. 22
B. 176
C. 44
D. 180
E. Keine Antwort ist richtig.

Zahlenmatrizen

Bearbeitungszeit 10 Minuten

Die Zahlenmatrizen in diesem Abschnitt sind nach festen Regeln gebildet. Bitte stellen Sie sicher, dass jede Matrix richtig aufgestellt ist.

Hierzu ein Beispiel

Aufgabe

1) Welche Zahl fehlt?

1	2	2
3	2	?
3	4	12

A. 4
B. 2
C. 8
D. 6
E. Keine Antwort ist richtig.

Antwort

(D.) 6

In jeder Reihe ergeben die zwei linken Zahlen multipliziert die rechte Zahl. In jeder Spalte ergeben die zwei oberen Zahlen multipliziert die untere Zahl.

Bearbeitungstipp

Konzentrieren Sie sich zuerst auf eine einzige Reihe oder Spalte. Wie hängen die Zahlen darin rechnerisch zusammen, wird addiert, subtrahiert, multipliziert, dividiert? Wenn Sie eine Regel gefunden haben, versuchen Sie diese auf alle übrigen Reihen bzw. Spalten zu übertragen. Bei pyramidenförmigen Matrizen ist jede Zahl meist mit den beiden Zahlen unmittelbar darunter verknüpft.

Bitte bearbeiten Sie nun die Aufgaben: Markieren Sie jeweils den Lösungsbuchstaben des richtigen Antwortvorschlags. Sie haben dafür **10 Minuten** Zeit.

11) Welche Zahl fehlt?

143	145	147	149
23	21	19	17
64	32	16	8
6	12	?	48

A. 16
B. 18
C. 24
D. 32
E. Keine Antwort ist richtig.

12) Welche Zahl fehlt?

98	87	76
?	54	43
32	21	10

A. 65
B. 56
C. 64
D. 48
E. Keine Antwort ist richtig.

13) Welche Zahl fehlt?

24	30	36
18	?	30
12	18	24

A. 12
B. 14
C. 20
D. 24
E. Keine Antwort ist richtig.

14) Welche Zahl fehlt?

36	6	3
64	8	4
?	10	5

A. 7
B. 12
C. 15
D. 100
E. Keine Antwort ist richtig.

15) Welche Zahl fehlt?

	?		
	44	56	
36	34	30	
44	28	16	12

A. 42
B. 48
C. 86
D. 100
E. Keine Antwort ist richtig.

16) Welche Zahl fehlt?

168	42	50	100
?	21	29	58
48	12	20	40
24	6	14	28

A. 96
B. 58
C. 63
D. 84
E. Keine Antwort ist richtig.

17) Welche Zahl fehlt?

	?		
	$\frac{1}{6}$	$\frac{1}{4}$	
$\frac{1}{2}$	$\frac{1}{3}$	$\frac{3}{4}$	
$\frac{3}{4}$	$\frac{2}{3}$	$\frac{1}{2}$	$\frac{3}{2}$

A. $\frac{3}{4}$
B. $\frac{1}{24}$
C. 3
D. $\frac{5}{8}$
E. Keine Antwort ist richtig.

18) Welche Zahl fehlt?

3	7	9	15
10	14	16	22
20	?	32	44
5	7	8	11

A. 28
B. 24
C. 26
D. 32
E. Keine Antwort ist richtig.

19) Welche Zahl fehlt?

10	4	1	5
2	?	10	2
1	2	10	10
10	5	2	2

A. 2
B. 1
C. 5
D. 4
E. Keine Antwort ist richtig.

20) Welche Zahl fehlt?

30	50	1	5
0,5	15	?	2
5	100	0,5	30
100	0,1	30	25

A. 5
B. 15
C. 100
D. 500
E. Keine Antwort ist richtig.

Wortanalogien

Bearbeitungszeit 5 Minuten

In diesem Abschnitt wird Ihre Fähigkeit zu logischem Denken im sprachlichen Bereich geprüft.

Pro Aufgabe erhalten Sie zwei Wörter, die in einer bestimmten Beziehung zueinander stehen. Eine ähnliche Beziehung besteht zwischen einem dritten und vierten Wort. Das dritte Wort wird Ihnen vorgegeben, das vierte sollen Sie in den Antworten A bis E selbst ermitteln.

Hierzu ein Beispiel

Aufgabe

1) **dick** : **dünn** wie
lang : ?

A. hell
B. dunkel
C. schmal
D. kurz
E. schlank

Antwort

(D.) kurz

Gesucht wird ein Begriff, zu dem sich „lang" genauso verhält wie „dick" zu „dünn". Da „dick" das Gegenteil von „dünn" ist, muss nun ein Gegenbegriff zu „lang" gefunden werden. Von den Wahlwörtern kommt dafür nur „kurz" infrage; Lösungsbuchstabe ist daher das D.

Bitte bearbeiten Sie nun die Aufgaben: Vervollständigen Sie die Wortgleichung, indem Sie den richtigen Lösungsbuchstaben markieren.

21) **Schall** : **Ohr** wie
Lichtstrahlen : ?

A. Nase
B. Auge
C. Gehirn
D. Licht
E. Linse

22) **Auge** : **blind** wie
Ohr : ?

A. Hörgerät
B. Schmerz
C. stumm
D. taub
E. verletzt

23) **Wind : Segel** wie **Sonne : ?**

A. Energie
B. Kraft
C. Solarzelle
D. Erwärmung
E. Strom

24) **Vater : Mann** wie **Mutter : ?**

A. Dame
B. Lady
C. Mädchen
D. Frau
E. Mama

25) **Fleiß : Erfolg** wie **Arbeit : ?**

A. Stress
B. Gehalt
C. Stunden
D. Nachtschicht
E. Gleitzeit

26) **Thermometer : Temperatur** wie **Chronometer : ?**

A. Schadstoff
B. Feuchtigkeit
C. Zeit
D. Luft
E. CO_2

27) **Farbe : Blindheit** wie **Ton : ?**

A. Stumpfheit
B. Klang
C. Musik
D. Taubheit
E. Stummheit

28) **Drehbuch : Regisseur** wie **Gesetz : ?**

A. Richter
B. Anwalt
C. Notariat
D. Recht
E. Paragraf

29) **Entfernung : Meter** wie **Stromstärke : ?**

A. Watt
B. Ampere
C. Ohm
D. Widerstand
E. Kabel

30) **Äquator : Breitengrad** wie **Nullmeridian : ?**

A. Querstreifen
B. Längengrad
C. Höhengrad
D. Koordinate
E. Datumsgrenze

Oberbegriffe

Bearbeitungszeit 5 Minuten

Zu jeder Aufgabe erhalten Sie zwei Begriffe. Bitte ermitteln Sie den dazu passenden Oberbegriff und markieren Sie den richtigen Lösungsbuchstaben.

31) Schraubenzieher, Zange

A. Baustelle
B. Reparatur
C. Elektriker
D. Werkzeug
E. Keine Antwort ist richtig.

32) schwer, leicht

A. Bauteil
B. Spiel
C. Gewicht
D. Geschmack
E. Keine Antwort ist richtig.

33) Radio, Fernseher

A. CD-Player
B. Nachrichten
C. Bildung
D. Unterhaltungselektronik
E. Keine Antwort ist richtig.

34) Bit, Byte

A. Technik
B. Dateneinheit
C. Digital
D. Laptop
E. Keine Antwort ist richtig.

35) Würfel, Quader

A. Körper
B. Kreis
C. Zylinder
D. Fläche
E. Keine Antwort ist richtig.

36) Ampere, Volt

A. Widerstand
B. Elektrizität
C. Spannung
D. Leitung
E. Keine Antwort ist richtig.

37) Betrieb, Geschäft

A. Supermarkt
B. Institut
C. Unternehmen
D. Einzelhandel
E. Keine Antwort ist richtig.

38) Blende, Objektiv

A. Defibrillator
B. Monokel
C. Stethoskop
D. Fotoapparat
E. Keine Antwort ist richtig.

39) Zink, Blei

A. Leichtmetalle
B. Metalle
C. Eisen
D. Elemente
E. Keine Antwort ist richtig.

40) Gelb, Rot

A. Blau
B. Grundfarben
C. Vollfarben
D. Komplementärfarben
E. Keine Antwort ist richtig.

Schlussfolgerungen *Bearbeitungszeit 10 Minuten*

Jede Aufgabe konfrontiert Sie mit mehreren Aussagen. Welche Schlussfolgerung lässt sich daraus ziehen? Ob die Aussagen in einem sinnvollen Bezug zur Realität stehen, ist hierbei unerheblich.

41) Welche Schlussfolgerung ist logisch richtig, wenn die folgende Behauptung zugrunde gelegt wird? „Manche schlechten Schüler bekommen Strafarbeiten oder schlechte Noten. Klaus ist ein guter Schüler."

A. Klaus bekommt keine Strafarbeit.
B. Klaus bekommt keine schlechten Noten.
C. Manche Schüler bekommen Strafarbeiten oder schlechte Noten.
D. Manche Schüler bekommen Strafarbeiten und schlechte Noten.
E. Keine Antwort ist richtig.

42) Welche Schlussfolgerung ist logisch richtig, wenn die folgende Behauptung zugrunde gelegt wird? „Marc ist unbegabt. Wenn Marc unbegabt ist, dann malt er gerne."

A. Marc ist begabt und malt gerne.
B. Marc ist unbegabt und malt gerne.
C. Marc malt nicht gerne.
D. Marc ist begabt und malt nicht gerne.
E. Keine Antwort ist richtig.

43) „Kühe können fliegen, weil sie Flügel haben. Vögel haben keine Flügel. Also …"

A. ist Fliegen ohne Flügel nicht möglich.
B. können alle Vögel nicht fliegen.
C. können alle Kühe auch ohne Flügel fliegen.
D. können Kühe fliegen.
E. Keine Antwort ist richtig.

44) Welche Schlussfolgerung ist logisch richtig, wenn die folgende Behauptung zugrunde gelegt wird? „Alle Vögel können nicht fliegen, alle Vögel haben Füße."

A. Alle Vögel, die Füße haben, können fliegen.
B. Alle Vögel, die Füße haben, können nicht fliegen.
C. Alles, was Füße besitzt, ist ein Vogel.
D. Alle Vögel, die keine Füße haben, können fliegen.
E. Keine Antwort ist richtig.

45) Welche Sportart ist am beliebtesten?

¬ Rugby ist beliebter als Tennis.
¬ Fußball wäre am beliebtesten, wenn Eishockey nicht noch beliebter wäre.

A. Eishockey
B. Fußball
C. Tennis
D. Rugby
E. Keine Antwort ist richtig.

46) Wo ist es am wärmsten?

¬ In Molwinien ist es kälter als in Bogonien.
¬ In Bogonien ist es warm, doch in Fermatien noch etwas wärmer.
¬ In Regulistan ist es nicht so warm wie in Molwinien.
¬ In Fermatien ist es nicht so kalt wie in Molwinien.

A. Molwinien
B. Bogonien
C. Fermatien
D. Regulistan
E. Keine Antwort ist richtig.

47) „Wenn Rosen rot sind, dann blühen sie. Wenn Rosen blühen, ist es Herbst. Rosen sind rot. Also …"

A. ist es nicht Herbst, wenn Rosen nicht rot sind.
B. ist es nicht Herbst.
C. ist es Frühling.
D. ist es Herbst, wenn Rosen rot sind.
E. Keine Antwort ist richtig.

48) Wer ist am jüngsten?

¬ Klaus ist älter als Angela.
¬ Stefan ist jünger als Klaus und Angela.
¬ Stefan ist älter als Petra.
¬ Maria ist nicht die Jüngste und fast genauso alt wie Stefan.

A. Klaus
B. Maria
C. Petra
D. Stefan
E. Keine Antwort ist richtig.

49) Doris, Kurt, Marta, Peter und Michaela ziehen jeweils ein Stäbchen und legen fest, dass derjenige mit dem kürzesten Stäbchen abwaschen muss. Wer erledigt den Abwasch?

¬ Kurt hätte das längste Stäbchen, wenn Michaela nicht wäre.
¬ Peters Stäbchen ist ein wenig länger als Doris'.
¬ Peter und Marta haben gleich lange Stäbchen gezogen.

A. Marta
B. Kurt
C. Doris
D. Peter
E. Keine Antwort ist richtig.

50) „Schuhe können nur lesen. Socken können nur schreiben. Hosen können beides. Also …"

A. können Socken von den Hosen nicht zum Schreiben eingesetzt werden.

B. können Schuhe von den Hosen nicht zum Lesen eingesetzt werden.

C. können Socken von den Hosen nicht zum Lesen eingesetzt werden.

D. können Socken und Schuhe weder lesen noch schreiben.

E. Keine Antwort ist richtig.

Wochentage

Bearbeitungszeit 10 Minuten

Entschlüsseln Sie verschachtelte Zeitangaben: Wann ist welcher Wochentag?

51) In 6 Tagen ist Mittwoch. Welcher Tag war gestern?

A. Mittwoch
B. Samstag
C. Donnerstag
D. Dienstag
E. Keine Antwort ist richtig.

52) Morgen ist Montag. Welcher Tag war vor 3 Tagen?

A. Mittwoch
B. Samstag
C. Freitag
D. Donnerstag
E. Keine Antwort ist richtig.

53) Übermorgen ist 6 Tage vor Donnerstag. Welcher Tag war vorgestern?

A. Montag
B. Dienstag
C. Mittwoch
D. Donnerstag
E. Keine Antwort ist richtig.

54) Vorgestern war 5 Tage nach Sonntag. Welcher Tag ist morgen?

A. Dienstag
B. Montag
C. Samstag
D. Freitag
E. Keine Antwort ist richtig.

55) Übermorgen ist 5 Tage nach Freitag. Welcher Tag war vor 3 Tagen?

A. Freitag
B. Donnerstag
C. Mittwoch
D. Dienstag
E. Keine Antwort ist richtig.

56) Vorgestern war Freitag. Welcher Tag ist 4 Tage nach morgen?

A. Samstag
B. Freitag
C. Donnerstag
D. Mittwoch
E. Keine Antwort ist richtig.

57) Mittwoch ist 2 Tage nach übermorgen. Welcher Tag war vorgestern?

A. Donnerstag
B. Dienstag
C. Mittwoch
D. Freitag
E. Keine Antwort ist richtig.

58) Übermorgen ist vom kommenden Sonntag aus betrachtet vorgestern. Welcher Tag ist in 3 Tagen?

A. Montag
B. Mittwoch
C. Samstag
D. Donnerstag
E. Keine Antwort ist richtig.

59) Vorgestern war 5 Tage vor Donnerstag. Welcher Tag ist 5 Tage nach übermorgen?

A. Freitag
B. Samstag
C. Sonntag
D. Montag
E. Keine Antwort ist richtig.

60) Vorgestern war 4 Tage vor Sonntag. Welcher Tag ist 3 Tage nach morgen?

A. Dienstag
B. Donnerstag
C. Samstag
D. Mittwoch
E. Keine Antwort ist richtig.

Symbolrechnen

Bearbeitungszeit 10 Minuten

In jeder Aufgabe stehen gleiche Symbole für gleiche Zahlen. Jedes Symbol repräsentiert eine Zahl von 0 bis 9, zwei zusammengezogene Symbole entsprechen einer zweistelligen Zahl. Welche Zahl wird durch das fragliche Symbol ausgedrückt?

Hierzu ein Beispiel

Aufgabe

1) Für welche Zahl steht das Symbol Ω?

$$\Omega \times \Omega = \Omega$$

A. 4
B. 3
C. 2
D. 1
E. Keine Antwort ist richtig.

Antwort

D. 1

Gesucht wird eine Zahl, die mit sich selbst multipliziert sich selbst zum Ergebnis hat – von den Auswahlmöglichkeiten kommt nur die 1 infrage: $1 \times 1 = 1$.

Bitte bearbeiten Sie nun die Aufgaben: Markieren Sie jeweils den Lösungsbuchstaben des richtigen Antwortvorschlags.

61) Für welche Zahl steht das Symbol Π?

$$\Pi + \Pi + \Pi + \Pi = \Omega$$

A. 2
B. 3
C. 4
D. 5
E. Keine Antwort ist richtig.

62) Für welche Zahl steht das Symbol Π?

$$\Pi \times \Pi = \Omega\Pi$$

A. 4
B. 6
C. 7
D. 8
E. Keine Antwort ist richtig.

63) Für welche Zahl steht das Sechseck?

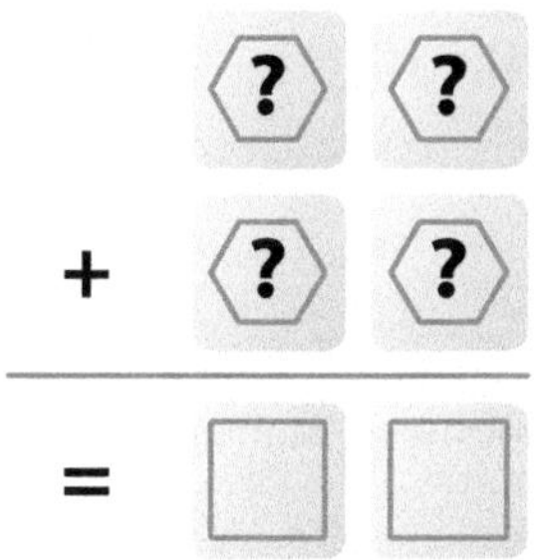

A. 4
B. 5
C. 6
D. 7
E. Keine Antwort ist richtig.

64) Für welche Zahl steht das Dreieck?

$$\Delta\Delta \times \Delta\Delta = \Delta\Omega\Delta$$

A. 1
B. 2
C. 3
D. 4
E. Keine Antwort ist richtig.

65) Für welche Zahl steht das Symbol Δ?

$$\Delta\Delta \times \Pi = \Pi\Pi$$

A. 1
B. 2
C. 4
D. 8
E. Keine Antwort ist richtig.

66) Für welche Zahl steht das Symbol Δ?

$$\Delta^2 = \Delta + \Delta + \Delta$$

A. 1
B. 3
C. 9
D. 2
E. Keine Antwort ist richtig.

67) Für welche Zahl steht das Symbol Π?

$$(\Omega + 1) \times \Pi = \Omega + 2 + \Omega$$

A. 1
B. 9
C. 2
D. 3
E. Keine Antwort ist richtig.

68) Für welche Zahl steht das Symbol Ψ?

$$4\Psi \div \Psi = \Psi - 2$$

A. 8
B. 7
C. 5
D. 9
E. Keine Antwort ist richtig.

69) Für welche Zahl steht das Symbol Δ?

$$(2+\Psi)\times\Delta=\Delta$$

A. 1
B. 3
C. 5
D. 0
E. Keine Antwort ist richtig.

70) Für welche Zahl steht das Symbol Ω?

$$\sqrt{\Delta\Psi\Omega}=1\Omega$$

A. 6
B. 3
C. 9
D. 8
E. Keine Antwort ist richtig.

Lösungen: Logisches Denkvermögen

1) A	25) B	49) C
2) D	26) C	50) C
3) D	27) D	51) A
4) A	28) A	52) D
5) A	29) B	53) A
6) C	30) B	54) B
7) D	31) D	55) A
8) D	32) C	56) B
9) B	33) D	57) A
10) C	34) B	58) C
11) C	35) A	59) D
12) A	36) B	60) A
13) D	37) C	61) A
14) D	38) D	62) B
15) D	39) B	63) A
16) D	40) B	64) A
17) B	41) C	65) A
18) A	42) B	66) B
19) C	43) D	67) C
20) D	44) B	68) A
21) B	45) A	69) D
22) D	46) C	70) A
23) C	47) D	
24) D	48) C	

Zahlenreihen (Aufgaben 1–10)

Zu 1) A. 18

+2 | +3 | +4 | +2 | +3

Zu 2) D. 204

×3 | −3 | ×3 | −3 | ×3 | −3

Zu 3) D. 32

×2 | ×2 | ×2 | ×2

Zu 4) A. $^{45}/_{4}$

÷4 | ×3 | ÷4 | ×3 | ÷4

Zu 5) A. 16

÷5 | ×4 | ÷3 | ×2

Zu 6) C. 5

x | y | x − 5 | y + 8 | x − 5 − 5 | y + 8 + 8 | x − 5 − 5 − 5

Zu 7) D. 256

Die jeweils nächste Zahl ergibt sich aus der Multiplikation ihrer beiden Vorläuferinnen.

Zu 8) D. 34

+2 | +4 | +8 | +2 | +4 | +8

Zu 9) B. 85

×4 | +3 | −2 | ×4 | +3 | −2

Zu 10) C. 44

÷2 | −3 | ×4 | ÷2 | −3 | ×4

Zahlenmatrizen (Aufgaben 11–20)

Zu 11) C. 24

Das Fragezeichen wird durch die Zahl 24 sinnvoll ersetzt. Die Reihen werden waagerecht nach folgendem Prinzip gebildet:

In der obersten Reihe wird von links nach rechts immer 2 addiert, in der zweiten Reihe 2 subtrahiert, in der dritten Reihe durch 2 geteilt und in der vierten Reihe mit 2 multipliziert.

Zu 12) A. 65

Das Fragezeichen wird durch die Zahl 65 sinnvoll ersetzt. Die Reihen werden nach folgendem Prinzip gebildet:

Von 98 aus wird von links nach rechts und über die Zeilengrenzen hinweg immer 11 subtrahiert.

Zu 13) D. 24

Das Fragezeichen wird durch die Zahl 24 sinnvoll ersetzt.

Waagerecht, senkrecht und diagonal werden Reihen in 6er-Schritten gebildet (aufsteigend von links nach rechts sowie von unten nach oben).

Zu 14) D. 100

Das Fragezeichen wird durch die Zahl 100 sinnvoll ersetzt. Die Reihen werden waagrecht nach folgendem Prinzip gebildet:

Verdoppeln Sie bei der Rechnung von rechts nach links die rechte Zahl der jeweiligen Reihe und quadrieren Sie den erhaltenen Wert anschließend. Oder von links nach rechts: Ziehen Sie die Wurzel aus der jeweils links stehenden Zahl und teilen sie den erhaltenen Wert anschließend durch 2.

Zu 15) D. 100

Das Fragezeichen wird durch die Zahl 100 sinnvoll ersetzt.

Zahlen, die auf derselben Pyramiden-Ebene liegen, ergeben in ihrer Summe immer 100.

Beispiel untere Reihe: 44 + 28 + 16 + 12 = 100

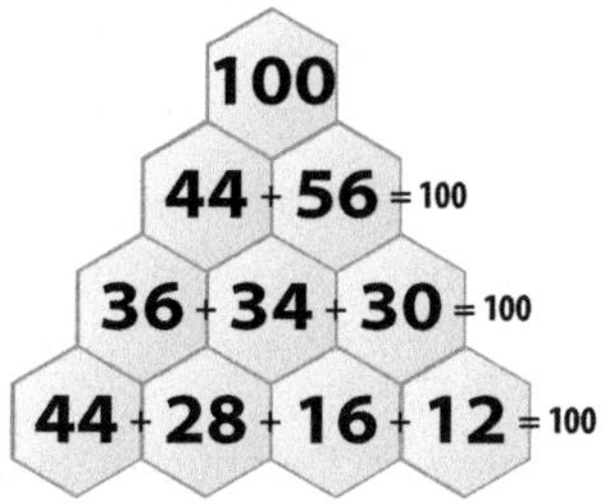

Zu 16) D. 84

Das Fragezeichen wird durch die Zahl 84 sinnvoll ersetzt. Die Reihen werden waagerecht nach folgendem Prinzip gebildet:

Die jeweils linke Zahl einer Reihe wird durch 4 geteilt, anschließend wird 8 addiert und der erhaltene Wert schließlich verdoppelt.

÷4 | +8 | ×2

Zu 17) B. $\frac{1}{24}$

Das Fragezeichen wird durch den Bruch $\frac{1}{24}$ sinnvoll ersetzt. Der Wert einer Zelle ergibt sich aus der Multiplikation der Werte beider Zellen darunter.

1. Reihe: $\frac{1}{24} = \frac{1}{6} \times \frac{1}{4}$

2. Reihe: $\frac{1}{6} = \frac{1}{2} \times \frac{1}{3}$; $\frac{1}{4} = \frac{1}{3} \times \frac{3}{4}$

3. Reihe: $\frac{1}{2} = \frac{3}{4} \times \frac{2}{3}$; $\frac{1}{3} = \frac{2}{3} \times \frac{1}{2}$; $\frac{3}{4} = \frac{1}{2} \times \frac{3}{2}$

Zu 18) A. 28

Das Fragezeichen wird durch die Zahl 28 sinnvoll ersetzt. Die Reihen werden senkrecht nach folgendem Prinzip gebildet:

Addieren Sie 7 zur jeweils oben stehenden Zahl. Multiplizieren Sie anschließend mit 2 und teilen Sie den erhaltenen Wert schließlich durch 4.

+7 | ×2 | ÷4

(Rechnung in senkrechter Richtung)

Zu 19) C. 5

Das Fragezeichen wird durch die Zahl 5 sinnvoll ersetzt. Die Multiplikation der Zahlen einer Reihe oder Spalte führt immer zum Ergebnis 200.

Zu 20) D. 500

Das Fragezeichen wird durch die Zahl 500 sinnvoll ersetzt. Die Multiplikation der Zahlen einer Reihe oder Spalte führt immer zum Ergebnis 7.500.

Wortanalogien (Aufgaben 21–30)

Zu 21) B. Auge

Das Ohr registriert Schallschwingungen, das Auge nimmt Lichtstrahlen wahr.

Zu 22) D. taub

Wer blind ist, dessen Augen nehmen nichts mehr wahr. Fehlt der Hörsinn, spricht man von Taubheit.

Zu 23) C. Solarzelle

Mit einem Segel setzt man die Kraft des Windes in Bewegung um. Solarzellen erzeugen aus Sonnenstrahlung Strom.

Zu 24) D. Frau

Der Vater ist ein Mann, die Mutter eine Frau.

Zu 25) B. Gehalt

Gegenübergestellt werden Begriffe der Anstrengung und mögliche positive Resultate: Fleiß kann zum Erfolg führen – Arbeit sichert das Einkommen.

Zu 26) C. Zeit

An einem Thermometer kann man die Temperatur ablesen, Chronometer (griech. „chronos" = „Zeit") ist ein Fremdwort für das Zeitmessgerät Uhr.

Zu 27) D. Taubheit

Blinde nehmen keine Licht- und Farbreize wahr; Taube hören keine Töne.

Zu 28) A. Richter

Ein Regisseur setzt Drehbücher um; ein Richter legt Gesetze verbindlich aus und spricht Urteile.

Zu 29) B. Ampere

Meter ist die Einheit zur Messung von Entfernungen, die Maßeinheit zur Bestimmung der Stromstärke ist Ampere.

Zu 30) B. Längengrad

Der Äquator ist der 0. Breitengrad, der Nullmeridian der 0. Längengrad.

Oberbegriffe (Aufgaben 31–40)

Zu 31) D. Werkzeug

Schraubenzieher und Zange sind Werkzeuge.

Zu 32) C. Gewicht

„Schwer" und „leicht" sind Adjektive, die ein ungefähres Gewicht bezeichnen.

Zu 33) D. Unterhaltungselektronik

Radio- und Fernsehgeräte fallen in den Bereich der Unterhaltungselektronik.

Zu 34) B. Dateneinheit

Ein Bit ist die kleinste Dateneinheit, deren Information entweder eine 0 oder eine 1 ist. Ein Byte besteht aus acht Bit.

Zu 35) A. Körper

Würfel und Quader sind Körper, das heißt dreidimensionale geometrische Gebilde.

Zu 36) B. Elektrizität

Ampere und Volt sind Maßeinheiten aus dem Bereich der Elektrizität: In Ampere werden Stromstärken angegeben, in Volt Spannungen.

Zu 37) C. Unternehmen

Der Betrieb und das Geschäft sind Unternehmen.

Zu 38) D. Fotoapparat

Die Blende und das Objektiv sind Bestandteile eines Fotoapparats.

Zu 39) B. Metalle

Zink und Blei gehören im Periodensystem der Elemente zu den Metallen.

Zu 40) B. Grundfarben

Gelb, Rot und Blau zählen zu den Grundfarben, aus denen sich alle anderen Farben mischen lassen.

Schlussfolgerungen (Aufgaben 41–50)

Zu 41) C. Manche Schüler bekommen Strafarbeiten oder schlechte Noten.

Die Antworten A und B sind falsch. Klaus ist zwar ein guter Schüler und bekommt daher eher keine Strafarbeit oder schlechte Noten, doch lässt sich das nicht ausschließen, da der Sachverhalt nicht explizit auf schlechte Schüler begrenzt ist. Antwort D ist falsch, da schlechte Schüler entweder Strafarbeiten oder schlechte Noten bekommen, aber nicht beides (Strafarbeiten und schlechte Noten). Antwort C ist korrekt – da auch schlechte Schüler Schüler sind, bekommen manche Schüler Strafarbeiten oder schlechte Noten.

Zu 42) B. Marc ist unbegabt und malt gerne.

Hier handelt es sich um die logische Form des Modus ponens, der bestimmt: Wenn die Bedingung X erfüllt ist („wenn Marc unbegabt ist"), dann gilt auch Y („dann malt er gerne"). Da Marc laut den angegebenen Prämissen unbegabt ist, malt er demzufolge auch gerne – Antwort B stimmt. Die Antworten A und D fallen weg, da „Marc ist begabt" nicht zutrifft, denn er ist laut Prämissen unbegabt. Zudem trifft Antwort C nicht zu, da sich wie gezeigt schlussfolgern lässt, dass Marc gerne malt.

Zu 43) D. können Kühe fliegen.

Die Vorschläge A, B und C sind falsch: Es wird nicht festgestellt, dass Fliegen nur mit Flügeln möglich ist – vielleicht gibt es dafür noch andere Hilfsmittel und Techniken. Somit bleibt nur Antwort D übrig, die den Inhalt der ersten Aussage wiedergibt.

Zu 44) B. Alle Vögel, die Füße haben, können nicht fliegen.

Beide vorgestellten Aussagen – „Alle Vögel können nicht fliegen" und „Alle Vögel haben Füße" – beziehen sich auf die gleiche Gruppe, nämlich die Gesamtheit der Vögel. Also lässt sich ableiten: Alle Vögel, die Füße haben – d. h. sämtliche Vögel – können nicht fliegen.

Zu 45) A. Eishockey

Entscheidend ist der zweite Satz: Fußball wäre am beliebtesten, wenn Eishockey nicht noch beliebter wäre – also ist Eishockey am beliebtesten. Die erste Aussage liefert keine weiteren brauchbaren Informationen.

Zu 46) C. Fermatien

In Fermatien ist es am wärmsten. Dort ist es wärmer als in Bogonien, wo es wiederum wärmer ist als Molwinien. Am kältesten ist es in Regulistan. Absteigend nach Temperatur sortiert: Fermatien, Bogonien, Molwinien, Regulistan.

Zu 47) D. ist es Herbst, wenn Rosen rot sind.

Wenn X gilt („Rosen sind rot"), dann gilt auch Y („Rosen blühen"). Wenn Y gilt („Rosen blühen"), dann gilt auch Z („es ist Herbst"). Man kann also auch direkt von X auf Z schließen – das heißt: Wenn Rosen rot sind, dann ist Herbst. Demnach stimmt Antwort D, und Vorschlag B, der das Gegenteil behauptet, geht fehl. Antwort A liegt ebenfalls falsch: Vorausgesetzt wird nämlich kein ausschließlicher Zusammenhang. Es könnte auch Herbst sein, wenn keine Rosen blühen, und Rosen könnten auch dann blühen, wenn sie nicht rot sind. Vom Frühling (Antwort C) ist in den Prämissen überhaupt keine Rede.

Zu 48) C. Petra

Petra ist die jüngste der genannten Personen. Klaus und Angela sind älter als Stefan und somit nicht die Jüngsten. Maria und Petra sind wiederum jünger als Stefan; da Maria aber laut Prämisse nicht die Jüngste ist, kommt dafür nur Petra in Betracht. Die Reihenfolge der Personen nach Alter lautet: Klaus, Angela, Stefan, Maria, Petra.

Zu 49) C. Doris

Doris muss abwaschen. Die Aussage „Kurt hätte das längste Stäbchen, wenn Michaela nicht wäre" gibt die Information, dass Michaela und Kurt die längsten Stäbchen haben, d. h. die anderen haben kürzere. Da Peter und Marta gleichauf sind, aber Doris' Stäbchen kürzer als Peters ist, muss sie die Verliererin sein. Die Reihenfolge nach Stäbchenlänge: Michaela, Kurt, Peter und Marta, Doris.

Zu 50) C. können Socken von den Hosen nicht zum Lesen eingesetzt werden.

Antwort C „Socken können von den Hosen nicht zum Lesen eingesetzt werden" ist korrekt, denn Socken können nicht lesen, sondern nur schreiben. Antwort A ist falsch, weil Socken schreiben können, und Antwort B stimmt nicht, da Schuhe lesen können. So ist auch Antwort D falsch, da Socken und Schuhe sowohl schreiben als auch lesen können.

Wochentage (Aufgaben 51–60)

Zu 51) A. Mittwoch

Gestern war Mittwoch:

in 6 Tagen ist Mittwoch = heute ist Donnerstag

heute ist Donnerstag = gestern war Mittwoch

Zu 52) D. Donnerstag

Vor 3 Tagen war Donnerstag:

morgen ist Montag = heute ist Sonntag

heute ist Sonntag = vor 3 Tagen war Donnerstag

Zu 53) A. Montag

Vorgestern war Montag:

übermorgen ist 6 Tage vor Donnerstag = übermorgen ist Freitag

übermorgen ist Freitag = heute ist Mittwoch

heute ist Mittwoch = vorgestern war Montag

Zu 54) B. Montag

Morgen ist Montag:

vorgestern war 5 Tage nach Sonntag = vorgestern war Freitag

vorgestern war Freitag = heute ist Sonntag

heute ist Sonntag = morgen ist Montag

Zu 55) A. Freitag

Vor 3 Tagen war Freitag:

übermorgen ist 5 Tage nach Freitag = übermorgen ist Mittwoch übermorgen ist Mittwoch = heute ist Montag

heute ist Montag = vor 3 Tagen war Freitag

Zu 56) B. Freitag

4 Tage nach morgen ist Freitag:

vorgestern war Freitag = heute ist Sonntag

heute ist Sonntag = morgen ist Montag

4 Tage nach Montag = Freitag

Zu 57) A. Donnerstag

Vorgestern war Donnerstag:

Mittwoch ist 2 Tage nach übermorgen = übermorgen ist Montag

übermorgen ist Montag = heute ist Samstag

heute ist Samstag = vorgestern war Donnerstag

Zu 58) C. Samstag

In 3 Tagen ist Samstag:

übermorgen ist vom kommenden Sonntag aus betrachtet vorgestern = übermorgen ist Freitag

übermorgen ist Freitag = heute ist Mittwoch

heute ist Mittwoch = in 3 Tagen ist Samstag

Zu 59) D. Montag

5 Tage nach übermorgen ist Montag:

vorgestern war 5 Tage vor Donnerstag = vorgestern war Samstag

vorgestern war Samstag = heute ist Montag

heute ist Montag = übermorgen ist Mittwoch

5 Tage nach Mittwoch = Montag

Zu 60) A. Dienstag

3 Tage nach morgen ist Dienstag:

vorgestern war 4 Tage vor Sonntag = vorgestern war Mittwoch

vorgestern war Mittwoch = heute ist Freitag

heute ist Freitag = morgen ist Samstag

3 Tage nach Samstag = Dienstag

Symbolrechnen (Aufgaben 61–70)

Zu 61) A. 2

Das Symbol Π steht für die Zahl 2. Alle anderen Lösungsvorschläge würden zu zweistelligen Ergebnissen führen.

$$2 + 2 + 2 + 2 = 8$$

Zu 62) B. 6

Das Symbol Π steht für die Zahl 6. Die Quadratzahlen der übrigen Lösungsvorschläge würden auf abweichende Ziffern enden.

$$6 \times 6 = 36$$

Zu 63) A. 4

Das Sechseck steht für die Zahl 4. Alle anderen Lösungsvorschläge würden zu dreistelligen Ergebnissen führen.

$$\ 4\ 4$$
$$+\ 4\ 4$$
$$=\ 8\ 8$$

Zu 64) A. 1

Das Symbol Δ steht für die Zahl 1. Nur bei diesem Lösungsvorschlag entsprechen die Ziffern der Faktoren der Hunderter- und Einerstelle des Ergebnisses.

$$11 \times 11 = 121$$

Zu 65) A. 1

Das Symbol Δ steht für die Zahl 1. Nur durch die Multiplikation eines einstelligen Werts mit 11 erhält man als Ergebnis stets eine zweistellige Zahl, deren Zehner- und Einerziffer der einstelligen Zahl entsprechen:

$$11 \times 1 = 11$$

$$11 \times 2 = 22$$

$$11 \times 3 = 33$$

...

Zu 66) B. 3

Die Quadratzahl der gesuchten Zahl ist zugleich das Dreifache des gesuchten Werts. Dies trifft nur auf Antwort B zu:

$$3^2 = 3 \times 3 = 3 + 3 + 3$$

Das Symbol Δ steht also für die Zahl 3.

Zu 67) C. 2

Auf der linken Gleichungsseite erhält man durch das Auflösen der Klammer:

$$(\Omega + 1) \times \Pi = \Pi\Omega + \Pi$$

Auf der rechten Gleichungsseite ergibt sich durch das Zusammenziehen der Ω:

$$\Omega + 2 + \Omega = 2\Omega + 2$$

Stellt man die umgeformten Ausdrücke nebeneinander, zeigt sich, dass das Symbol Π eine 2 symbolisiert:

$\Pi\Omega + \Pi = 2\Omega + 2$

Zu 68) A. 8

Anhand der angegebenen Lösungsmöglichkeiten kommen folgende Gleichungen infrage:

$48 \div 8 = 8 - 2$

$47 \div 7 = 7 - 2$

$45 \div 5 = 5 - 2$

$49 \div 9 = 9 - 2$

Durch Ausprobieren lässt sich die richtige Lösung schnell erkennen – das Symbol Ψ muss für die Zahl 8 stehen:

$48 \div 8 = 6 = 8 - 2$

Zu 69) D. 0

Bei der Multiplikation zweier Faktoren entspricht das Produkt nur dann einem dieser beiden Faktoren, wenn einer der Faktoren 0 oder 1 lautet:

$1 \times 2 = 2$; $1 \times 4 = 4$ usw. (wenn ein Faktor 1 ist)

$1 \times 0 = 0$; $2 \times 0 = 0$ usw. (wenn ein Faktor 0 ist)

Da der erste Faktor durch die Addition gleich oder größer als 2 ist, entfällt die erste Möglichkeit. Somit kann nur Lösung D stimmen. Das Symbol Δ steht für 0.

Zu 70) A. 6

Die Wurzel der dreistelligen Quadratzahl liegt zwischen 10 und 19. Die Endziffer der Wurzel ist zugleich die Endziffer der Quadratzahl. Diese Bedingung erfüllen im Zahlenraum zwischen 10 und 19 nur die 11 (Quadratzahl 121), die 15 (Quadratzahl 225) und die 16 (Quadratzahl 256). Da sich bei 121 und 225 weitere Ziffern wiederholen, bei der gegebenen Quadratzahl jedoch nicht, entfallen diese Möglichkeiten. Demnach kann die Wurzel nur 16 lauten – das Symbol Ω steht folglich für 6.

Visuelles Denkvermögen

Figurenreihen

Bearbeitungszeit 10 Minuten

Jede Figurenreihe ist so aufgebaut, dass sich ein logischer Zusammenhang zwischen den einzelnen Abbildungen ergibt. Welche der zur Auswahl gestellten Figuren setzt die Reihe fort?

Hierzu ein Beispiel

Aufgabe

1)

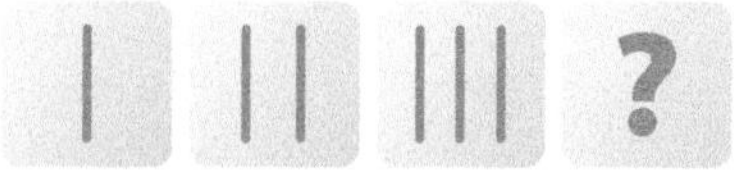

Welche Figur setzt die Reihe logisch fort?

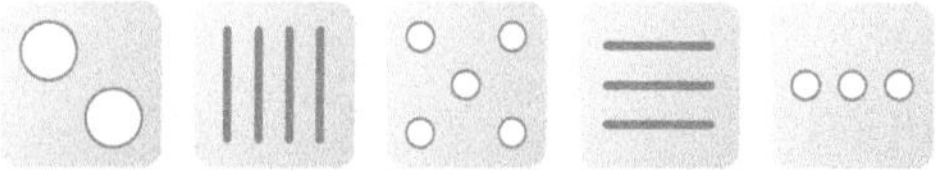

A B C D E

Antwort

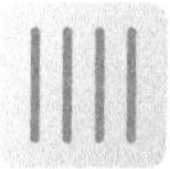

(B)

Die Abbildungen zeigen eine steigende Anzahl senkrechter Striche – Figur B setzt diese Reihe logisch fort.

Bitte bearbeiten Sie nun die Aufgaben: Markieren Sie jeweils den Lösungsbuchstaben des richtigen Antwortvorschlags. Sie haben dafür **10 Minuten** Zeit.

1)

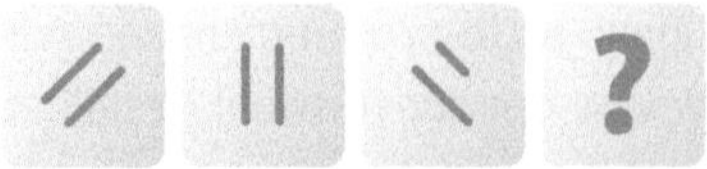

Welche Figur setzt die Reihe logisch fort?

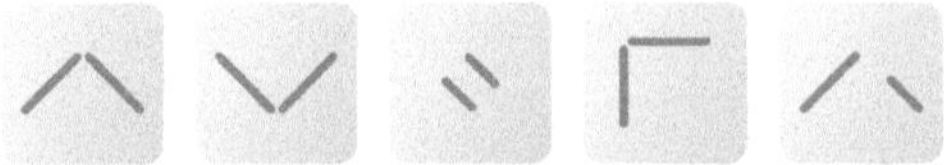

A B C D E

2)

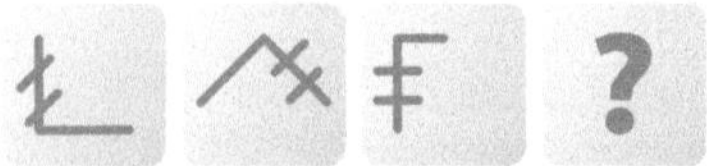

Welche Figur setzt die Reihe logisch fort?

A B C D E

3)

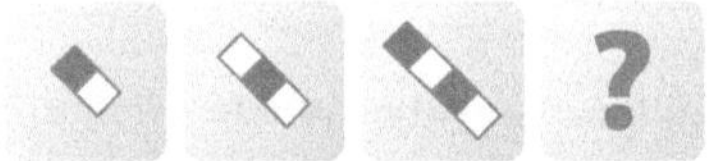

Welche Figur setzt die Reihe logisch fort?

A B C D E

4)

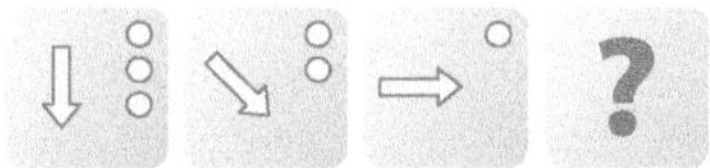

Welche Figur setzt die Reihe logisch fort?

A B C D E

5)

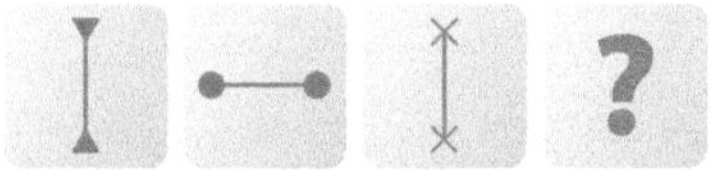

Welche Figur setzt die Reihe logisch fort?

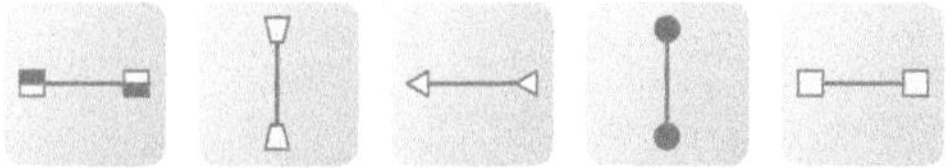

A B C D E

6)

Welche Figur setzt die Reihe logisch fort?

A B C D E

7)

Welche Figur setzt die Reihe logisch fort?

A B C D E

8)

Welche Figur setzt die Reihe logisch fort?

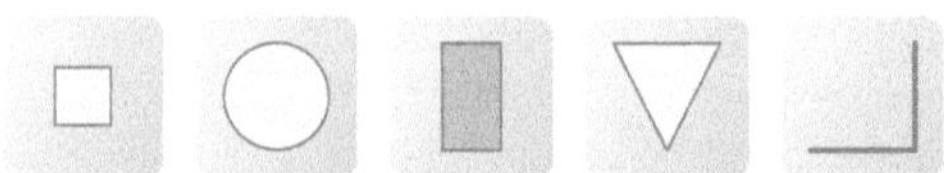

A B C D E

9)

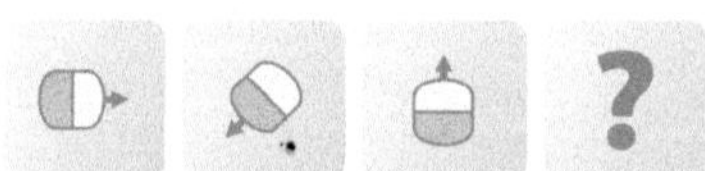

Welche Figur setzt die Reihe logisch fort?

A B C D E

10)

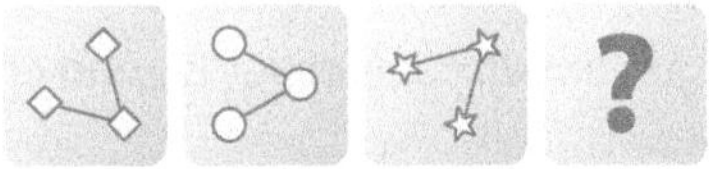

Welche Figur setzt die Reihe logisch fort?

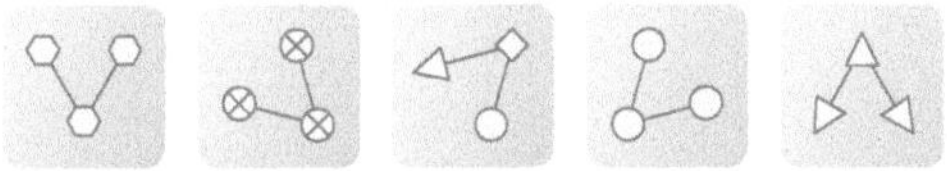

A B C D E

Figurenmatrizen

Bearbeitungszeit 10 Minuten

Finden Sie heraus, nach welcher Regel die Figurenmatrix aufgebaut ist, und ergänzen Sie die fehlende Figur.

Hierzu ein Beispiel

Aufgabe

1)

Welche Figur ersetzt das Fragezeichen logisch?

A B C D E

Antwort

(A)

Die beiden linken Figuren einer Reihe überlagern sich rechts, wobei sie ihre Farben tauschen.

Bearbeitungstipp

Um die Bildungsregel einer Matrix herauszufinden, erforschen Sie am besten zuerst eine einzelne Reihe oder Spalte: Welche Zusammenhänge gibt es, wie unterscheiden sich die Figuren – und darin enthaltene Objekte – in ihrer Form, Farbe, Größe und Ausrichtung?

Wenn Sie in einer Reihe oder Spalte ein Schema erkannt haben, dann probieren Sie, ob es für die gesamte Matrix gilt.

Bitte bearbeiten Sie nun die Aufgaben: Markieren Sie den Lösungsbuchstaben der fehlenden Figur. Sie haben dafür **10 Minuten** Zeit.

11)

Welche Figur ersetzt das Fragezeichen logisch?

A B C D E

12)

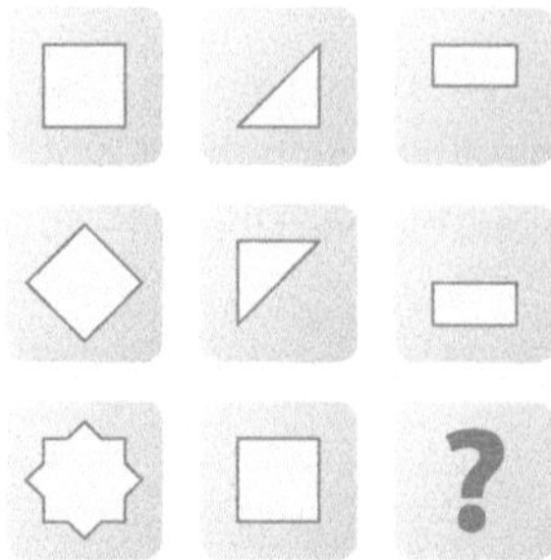

Welche Figur ersetzt das Fragezeichen logisch?

A B C D E

13)

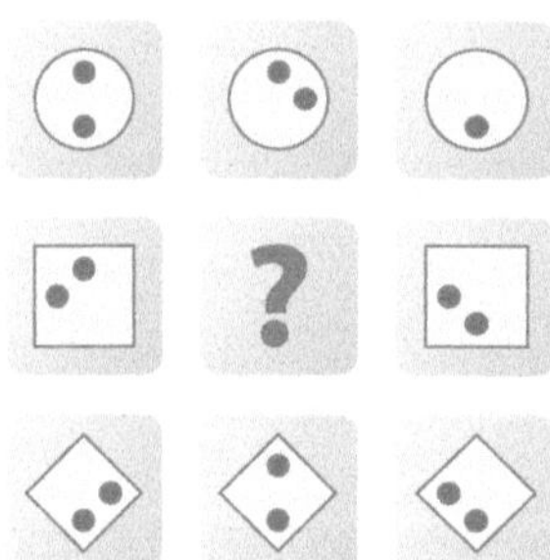

Welche Figur ersetzt das Fragezeichen logisch?

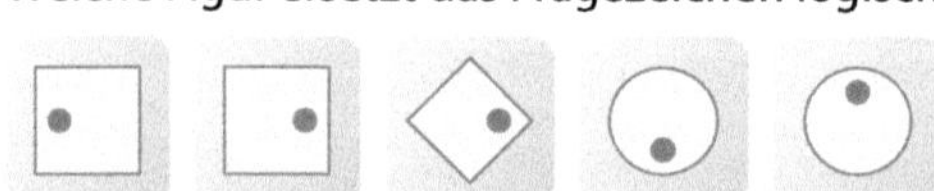

A B C D E

14)

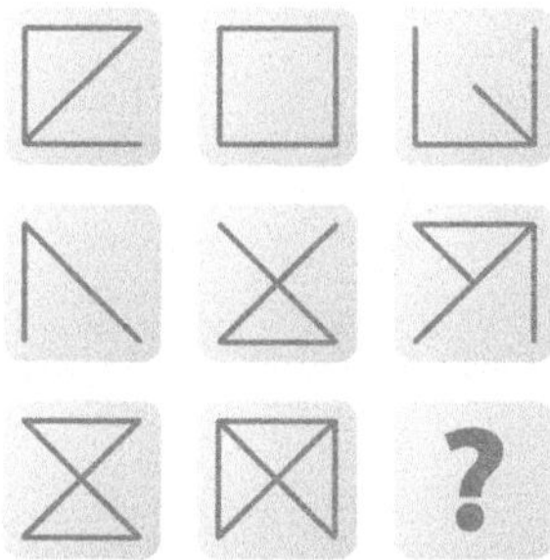

Welche Figur ersetzt das Fragezeichen logisch?

A B C D E

15)

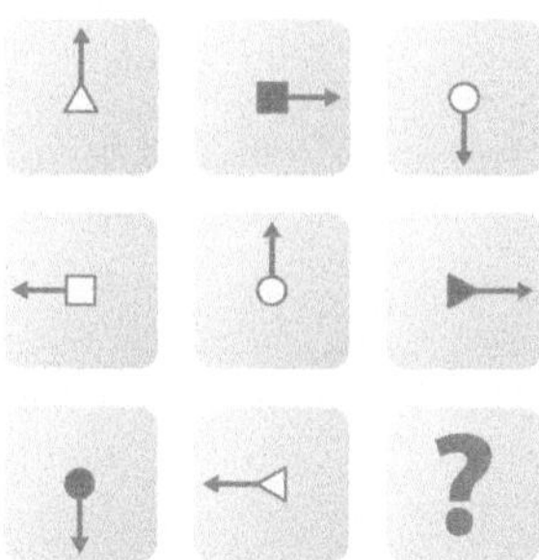

Welche Figur ersetzt das Fragezeichen logisch?

A B C D E

16)

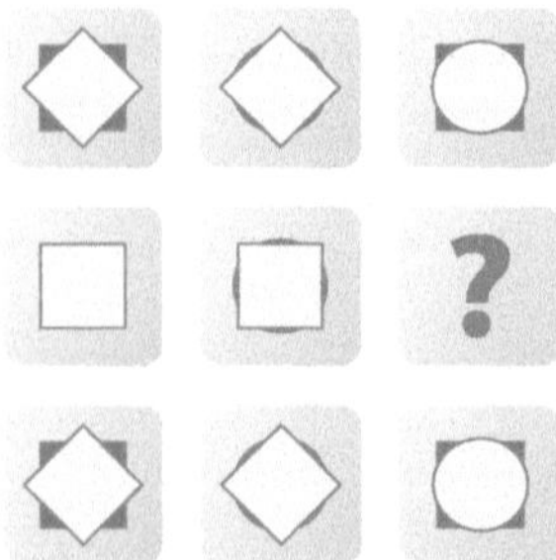

Welche Figur ersetzt das Fragezeichen logisch?

A B C D E

17)

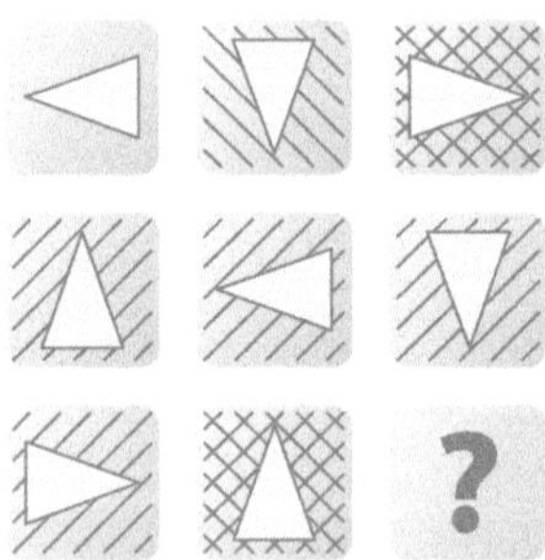

Welche Figur ersetzt das Fragezeichen logisch?

A B C D E

18)

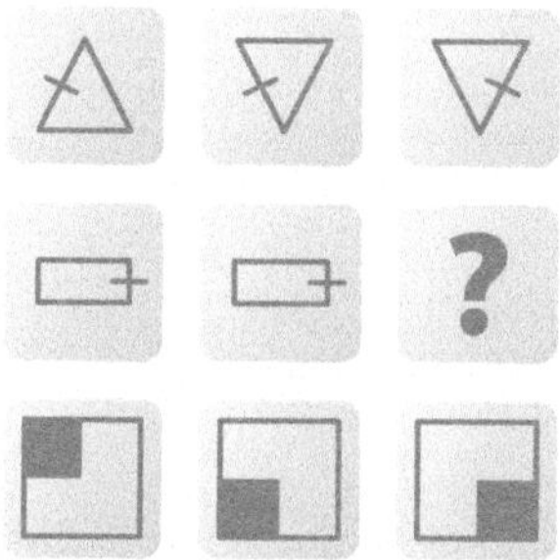

Welche Figur ersetzt das Fragezeichen logisch?

A B C D E

19)

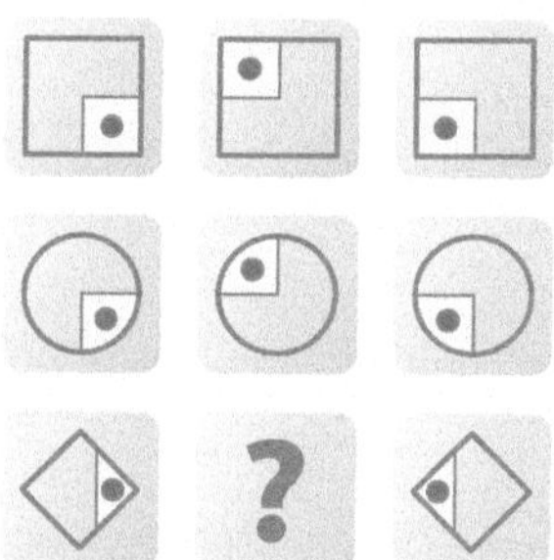

Welche Figur ersetzt das Fragezeichen logisch?

A B C D E

20)

Welche Figur ersetzt das Fragezeichen logisch?

A B C D E

Dominosteine

Bearbeitungszeit 10 Minuten

Zu jeder Aufgabe erhalten Sie eine Gruppe von Dominosteinen, angeordnet nach einer bestimmten Logik. Welcher Stein fehlt?

Hierzu ein Beispiel

Aufgabe

1)

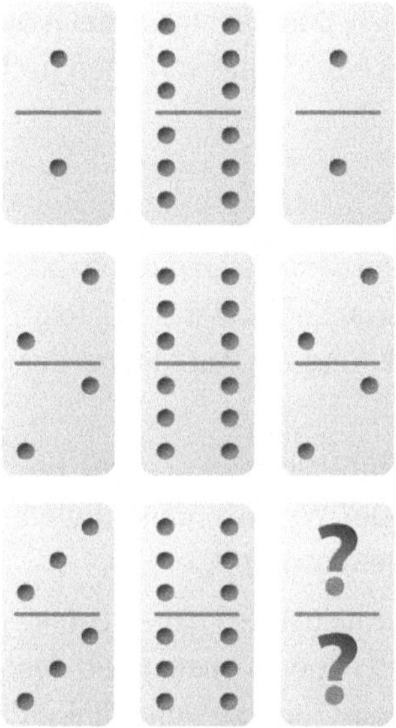

Welcher Dominostein fehlt?

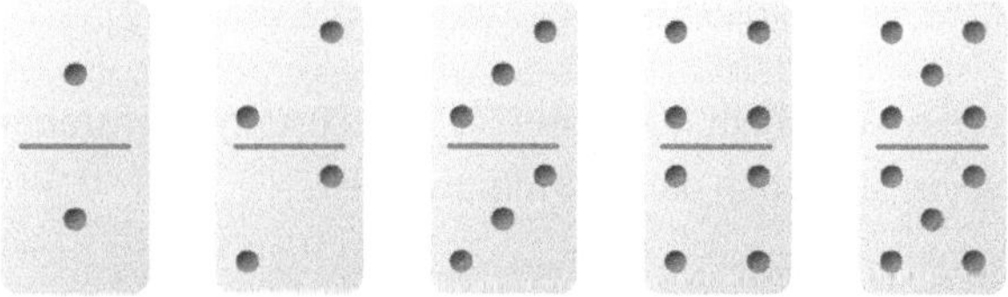

A B C D E

Antwort

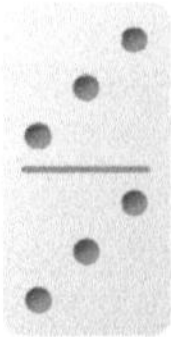

Ⓒ

Der linke und der rechte Stein jeder Reihe sind gleich. Darüber hinaus steigt die Augenzahl bei den Steinen der linken und der rechten Spalte von oben nach unten stetig um eins.

Bearbeitungstipps

Meist ist der Lösungsweg rein mathematisch, und Sie müssen die abgebildeten Punkte („Augen" genannt) als Zahlen interpretieren. Manchmal folgt das Bauprinzip wiederum einer visuellen Logik, und die Anordnung der Steine ergibt ein bestimmtes Muster.

Betrachten Sie zunächst eine Reihe oder Spalte für sich: Zeigt sich eine Beziehung zwischen den Feldern der Dominosteine? Wenn ja, dann prüfen Sie, ob dieser Zusammenhang für die gesamte Dominogruppe gilt.

Innerhalb einer Reihe oder Spalte können unterschiedliche Steinfelder miteinander verknüpft sein. Ein Beispiel: Sie rechnen mit dem oberen Feld des ersten Steins und dem unteren des zweiten Steins, um die Punktzahl im oberen Feld des dritten Steins zu erhalten.

Bitte bearbeiten Sie nun die Aufgaben: Markieren Sie den Lösungsbuchstaben des fehlenden Dominosteins. Sie haben dafür **10 Minuten** Zeit.

21)

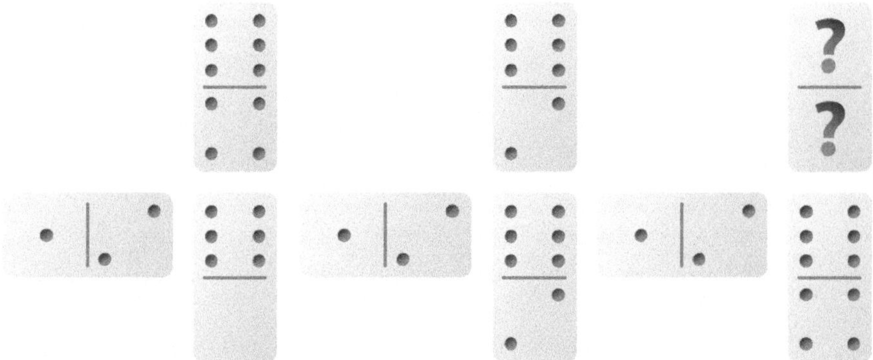

Welcher Dominostein fehlt?

A B C D E

22)

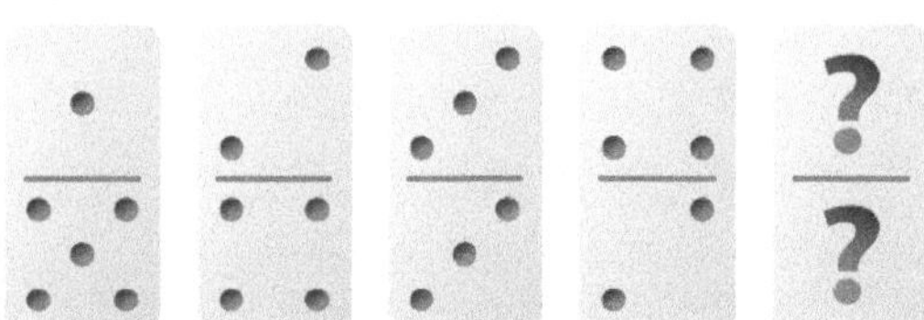

Welcher Dominostein fehlt?

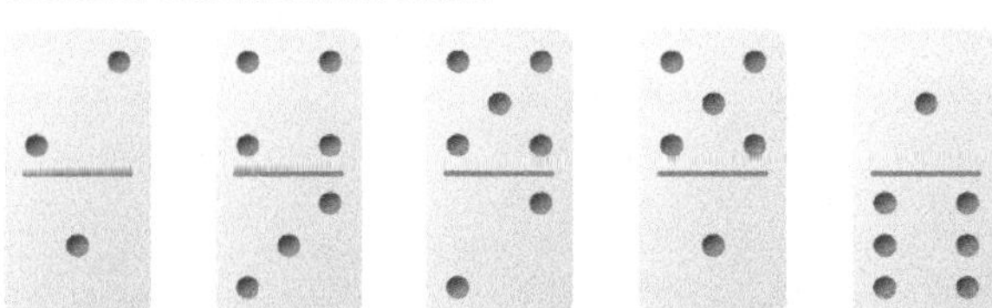

A B C D E

23)

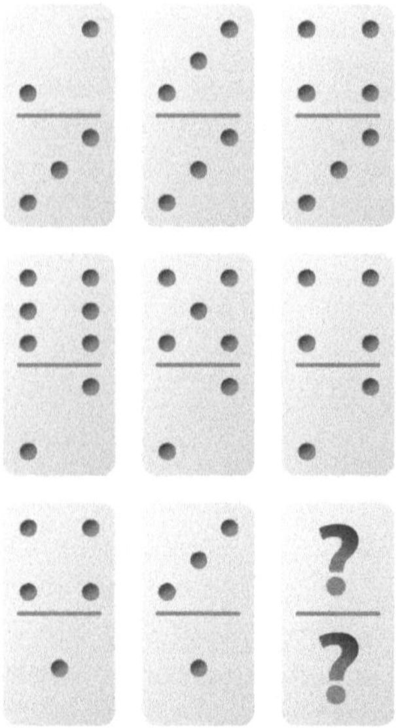

Welcher Dominostein fehlt?

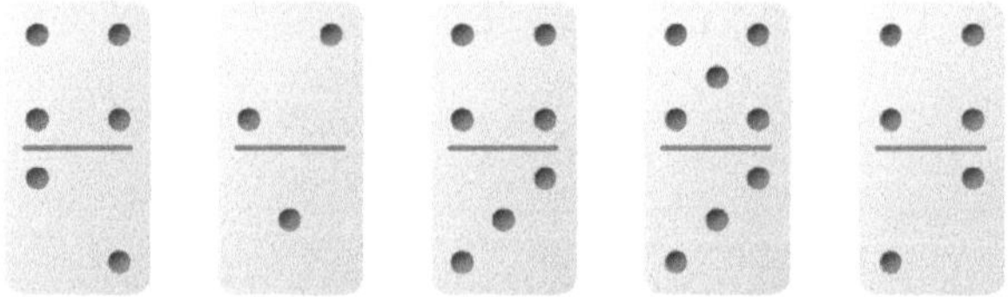

A B C D E

24)

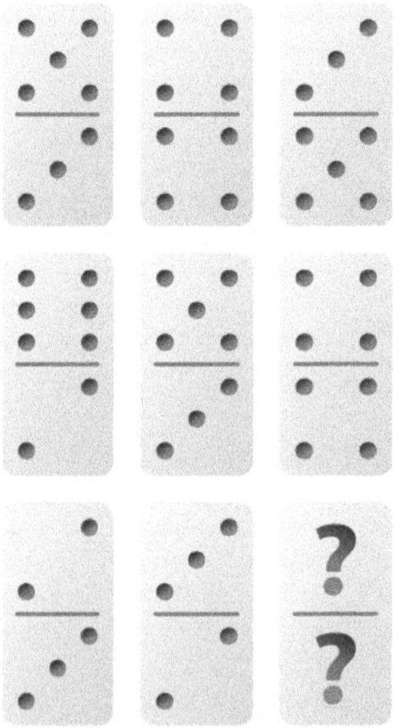

Welcher Dominostein fehlt?

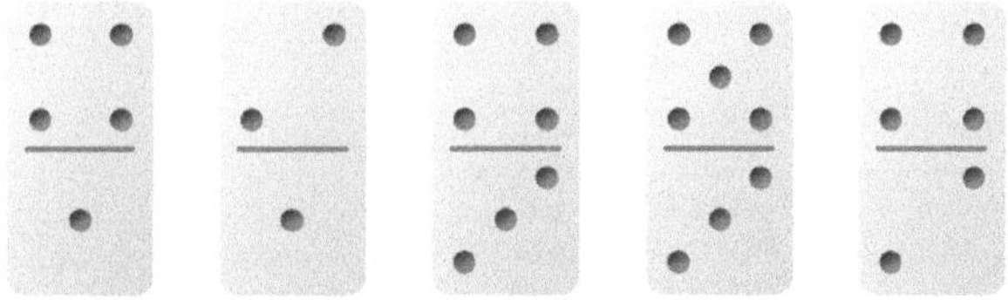

A B C D E

25)

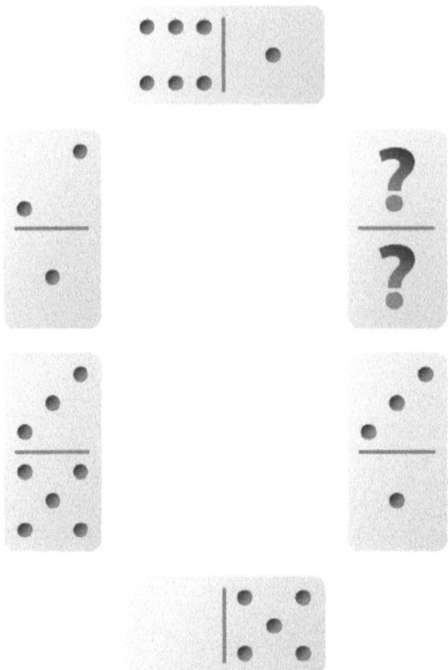

Welcher Dominostein fehlt?

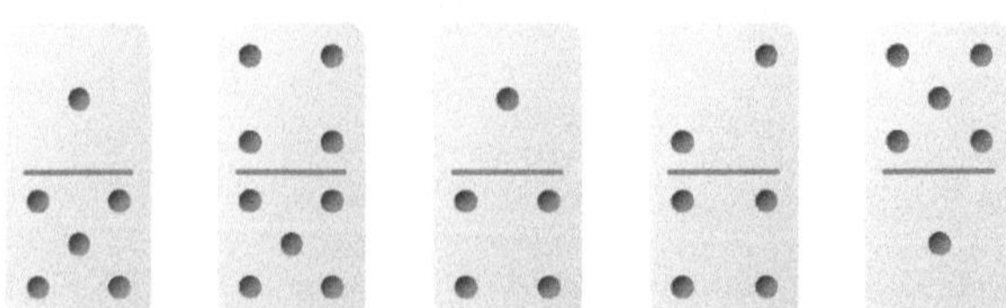

A B C D E

26)

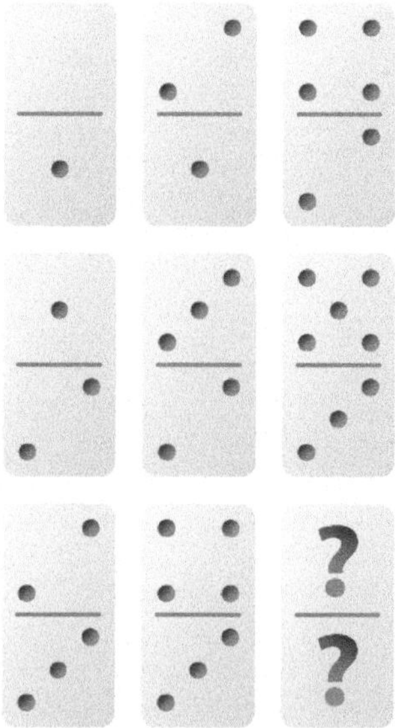

Welcher Dominostein fehlt?

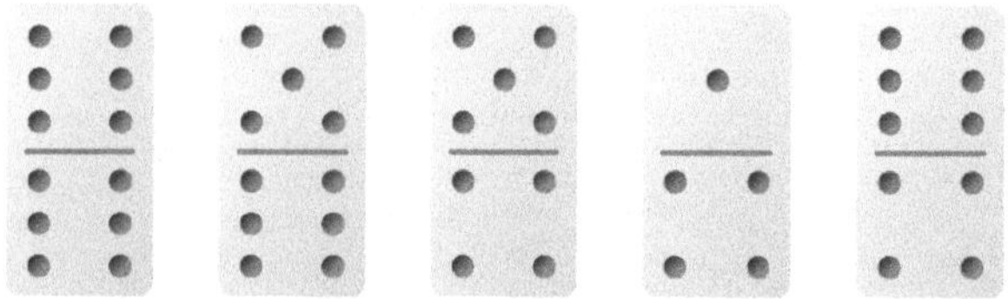

A B C D E

27)

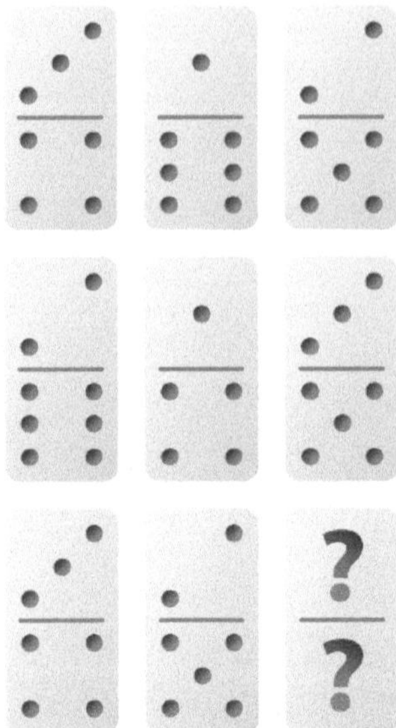

Welcher Dominostein fehlt?

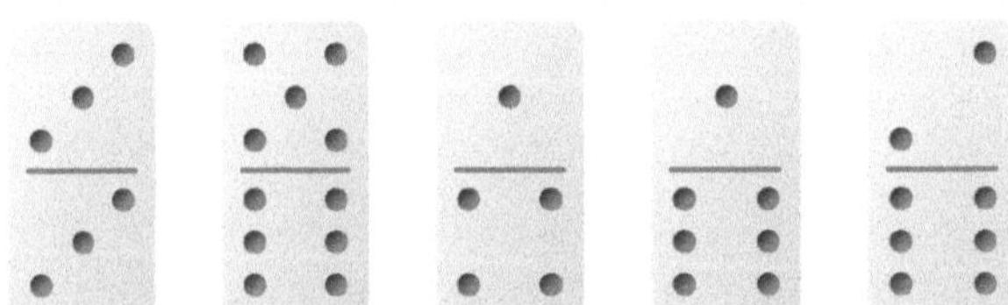

A B C D E

28)

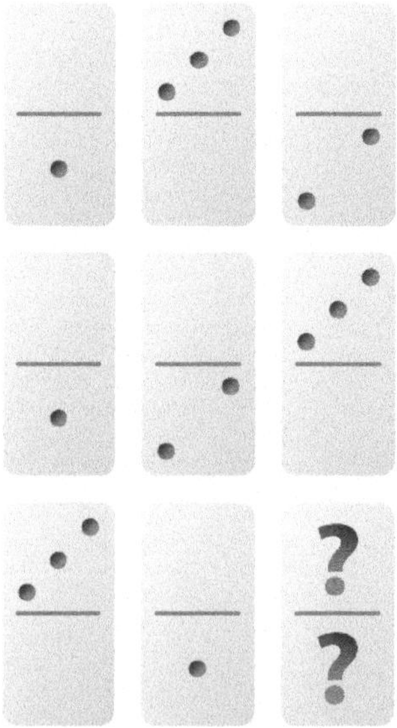

Welcher Dominostein fehlt?

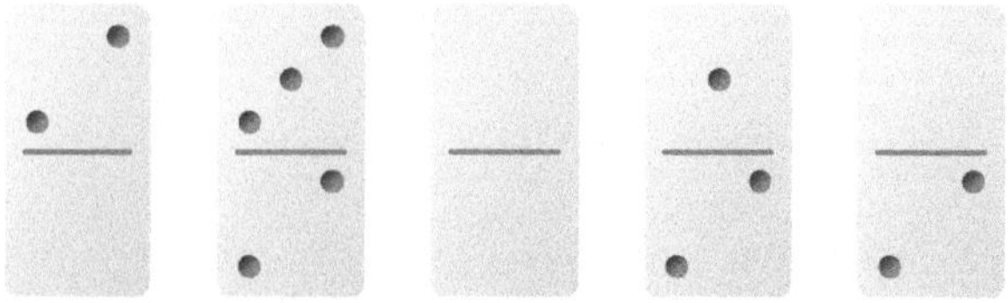

A B C D E

29)

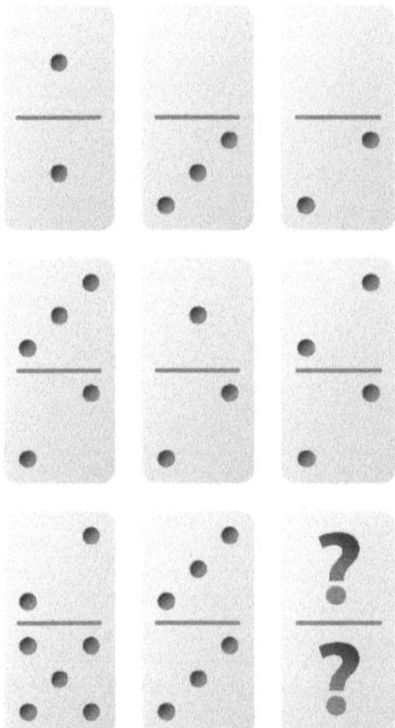

Welcher Dominostein fehlt?

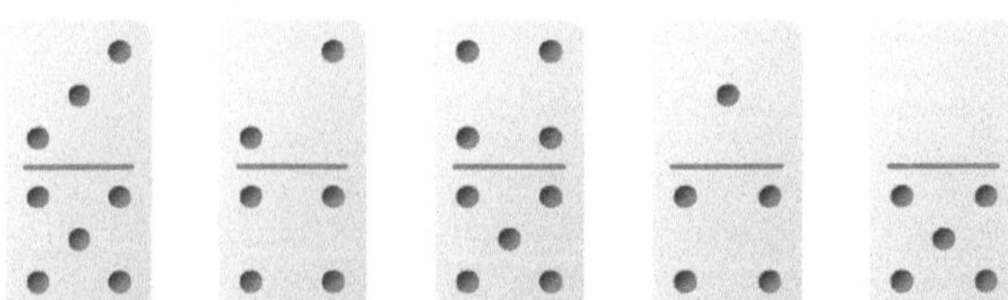

A B C D E

30)

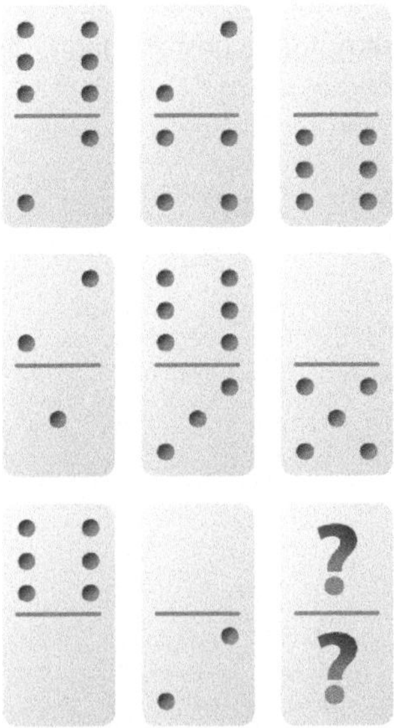

Welcher Dominostein fehlt?

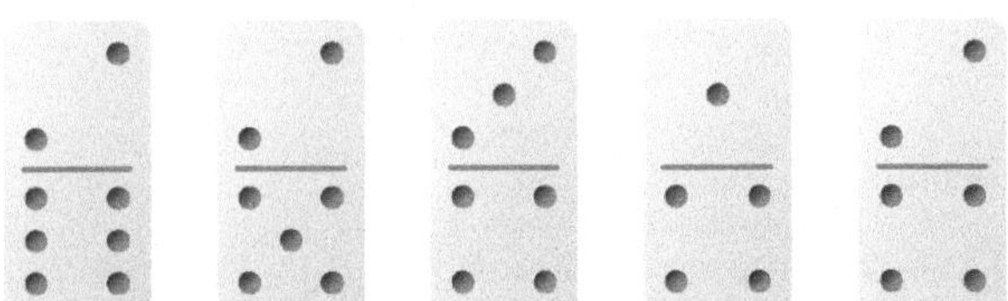

A B C D E

Räumliches Grundverständnis *Bearbeitungszeit 5 Minuten*

Sie sehen einen Körper mit mehreren Flächen. Ihre Aufgabe besteht darin, die Anzahl der Flächen zu bestimmen.

Hierzu ein Beispiel

Aufgabe

1) Aus wie vielen Flächen setzt sich dieser Körper zusammen?

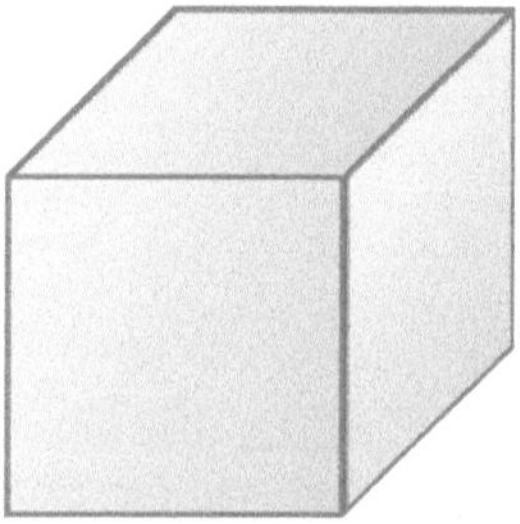

A. 6
B. 7
C. 8
D. 9
E. Keine Antwort ist richtig.

Antwort

(A.) 6

Der Körper besteht aus 6 Flächen.

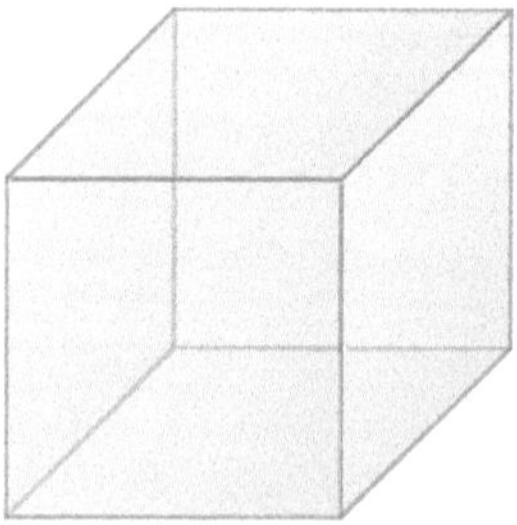

Bitte bearbeiten Sie nun die Aufgaben: Markieren Sie jeweils den Lösungsbuchstaben des richtigen Antwortvorschlags. Sie haben dafür **5 Minuten** Zeit.

31) Aus wie vielen Flächen setzt sich dieser Körper zusammen?

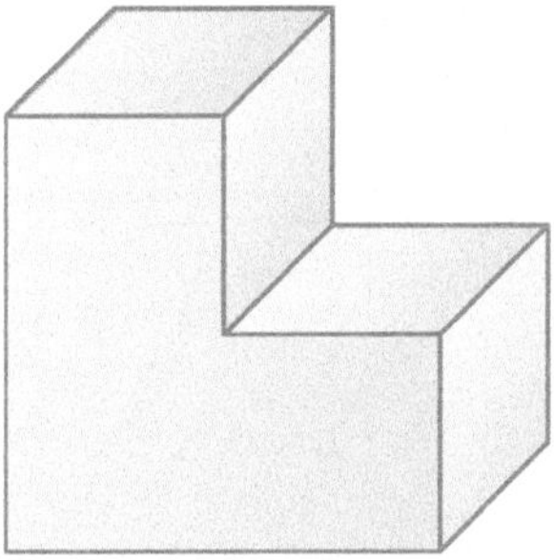

A. 6
B. 7
C. 8
D. 9
E. Keine Antwort ist richtig.

32) Aus wie vielen Flächen setzt sich dieser Körper zusammen?

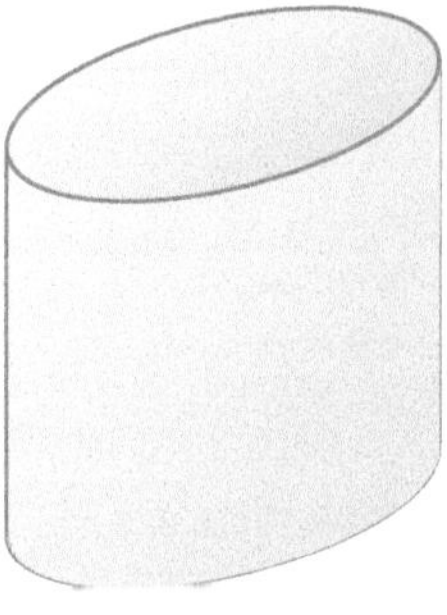

A. 1
B. 2
C. 3
D. 4
E. Keine Antwort ist richtig.

33) Aus wie vielen Flächen setzt sich dieser Körper zusammen?

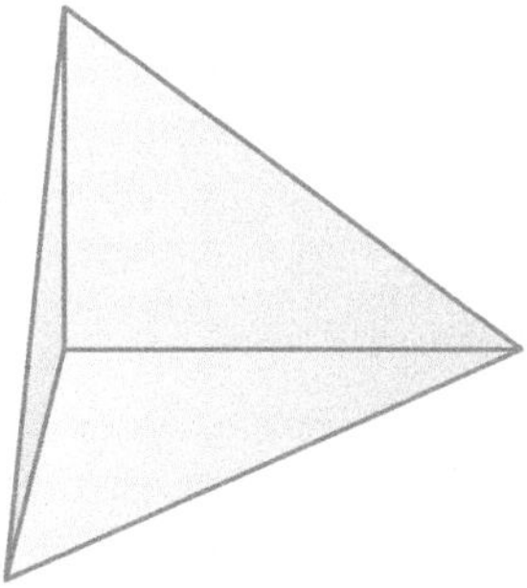

A. 1
B. 2
C. 3
D. 4
E. Keine Antwort ist richtig.

34) Aus wie vielen Flächen setzt sich dieser Körper zusammen?

A. 6
B. 7
C. 8
D. 9
E. Keine Antwort ist richtig.

35) Aus wie vielen Flächen setzt sich dieser Körper zusammen?

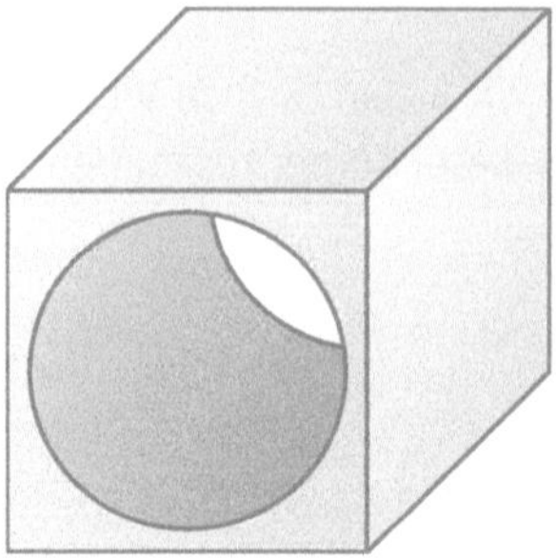

A. 5
B. 6
C. 7
D. 8
E. Keine Antwort ist richtig.

36) Aus wie vielen Flächen setzt sich dieser Körper zusammen?

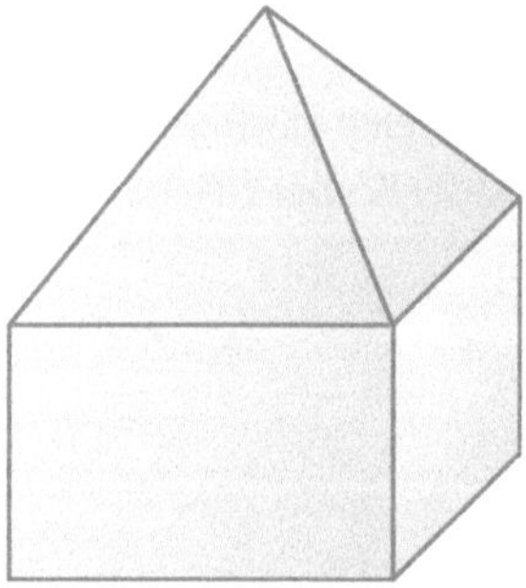

A. 7
B. 8
C. 9
D. 10
E. Keine Antwort ist richtig.

37) Aus wie vielen Flächen setzt sich dieser Körper zusammen?

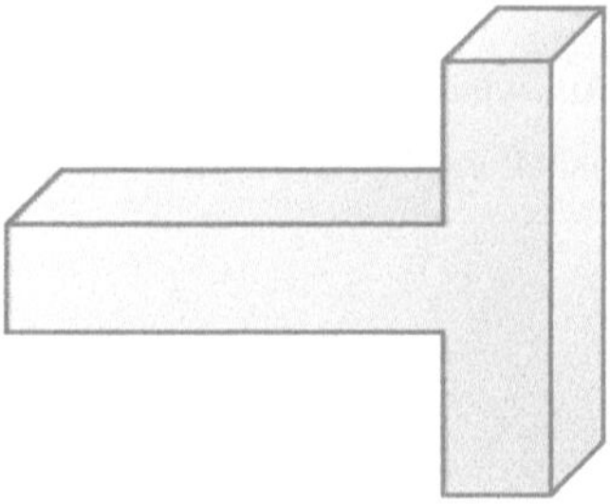

A. 9
B. 10
C. 11
D. 12
E. Keine Antwort ist richtig.

38) Aus wie vielen Flächen setzt sich dieser Körper zusammen?

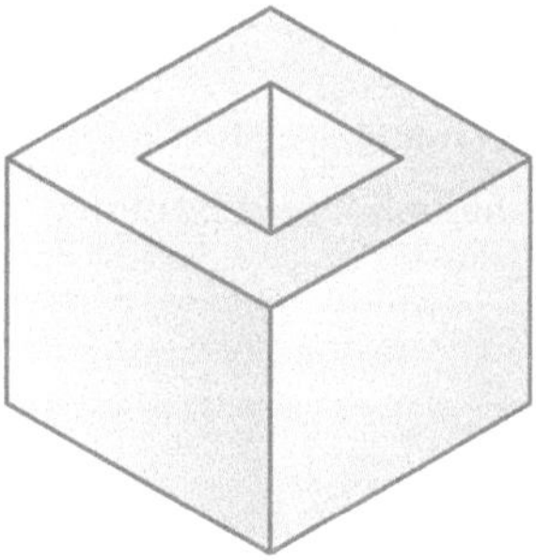

A. 9
B. 10
C. 12
D. 13
E. Keine Antwort ist richtig.

39) Aus wie vielen Flächen setzt sich dieser Körper zusammen?

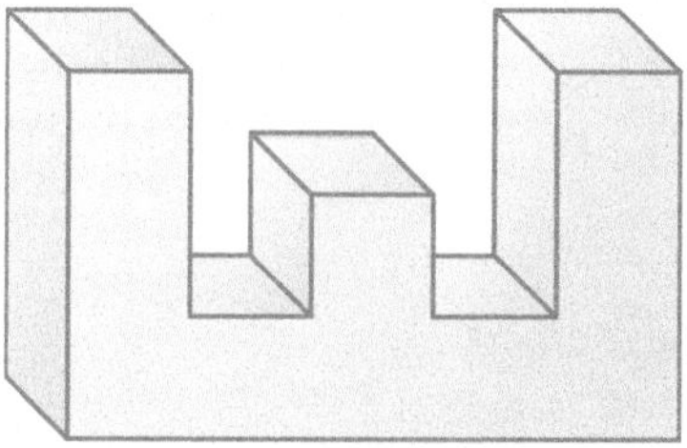

A. 8
B. 10
C. 12
D. 14
E. Keine Antwort ist richtig.

40) Aus wie vielen Flächen setzt sich dieser Körper zusammen?

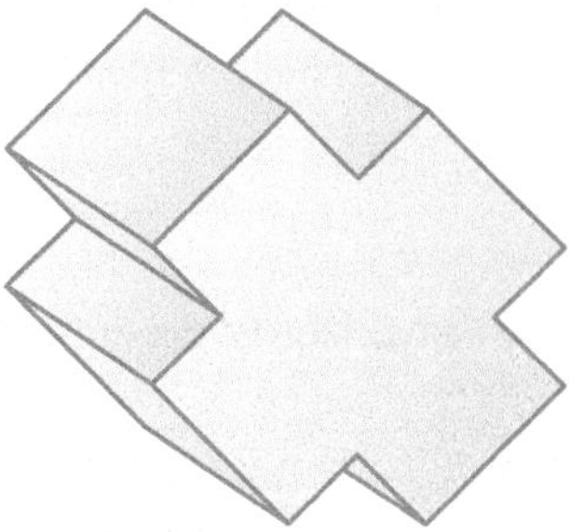

A. 10
B. 12
C. 14
D. 16
E. Keine Antwort ist richtig.

Faltvorlagen

Bearbeitungszeit 10 Minuten

Sie sehen jeweils eine Faltvorlage. Finden Sie heraus, welcher der fünf Körper A bis E daraus hergestellt werden kann.

Hierzu ein Beispiel

Aufgabe

1) Diese Faltvorlage ist die Außenseite eines Körpers.

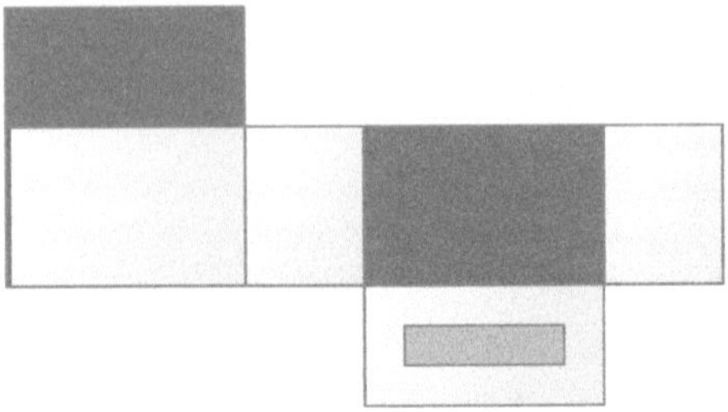

Welcher der Körper A bis E kann aus der Faltvorlage gebildet werden?

A B C D E

Antwort

(A)

Bitte bearbeiten Sie nun die Aufgaben: Markieren Sie jeweils den Lösungsbuchstaben des richtigen Antwortvorschlags. Sie haben dafür **10 Minuten** Zeit.

41) Diese Faltvorlage ist die Außenseite eines Körpers.

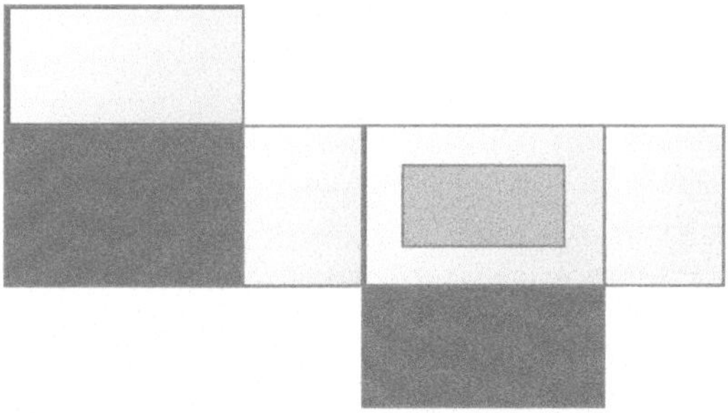

Welcher der Körper A bis E kann aus der Faltvorlage gebildet werden?

A **B** **C** **D** **E**

42) Diese Faltvorlage ist die Außenseite eines Körpers.

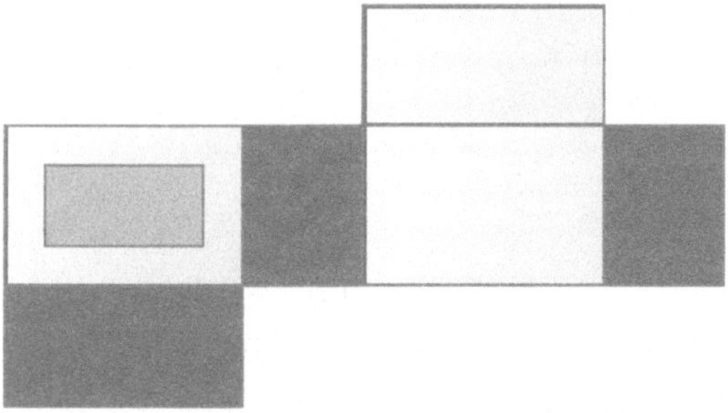

Welcher der Körper A bis E kann aus der Faltvorlage gebildet werden?

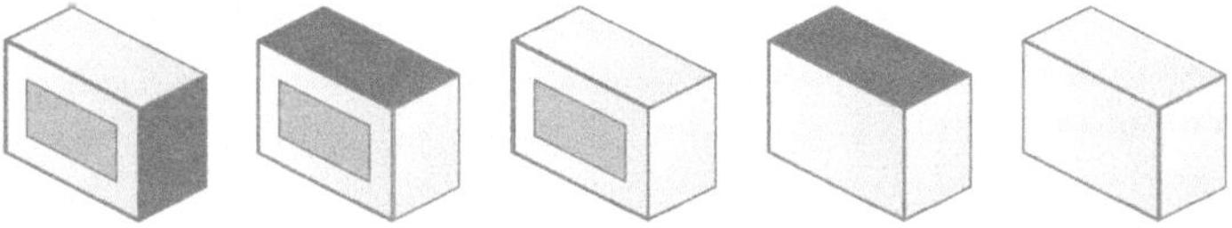

A **B** **C** **D** **E**

43) Diese Faltvorlage ist die Außenseite eines Körpers.

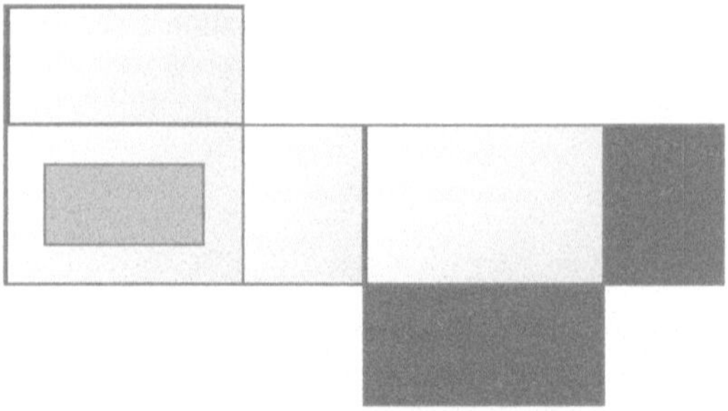

Welcher der Körper A bis E kann aus der Faltvorlage gebildet werden?

A B C D E

44) Diese Faltvorlage ist die Außenseite eines Körpers.

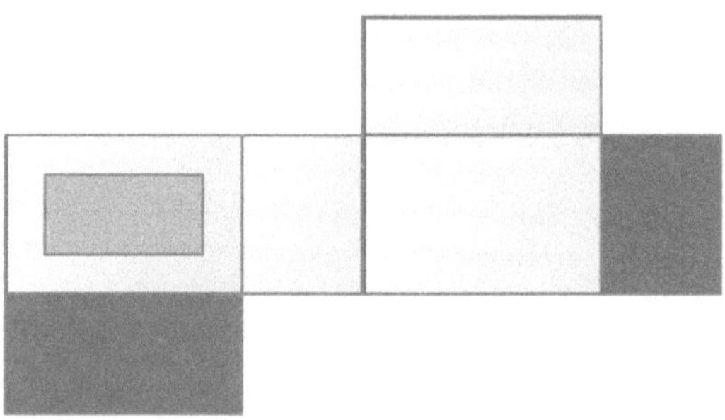

Welcher der Körper A bis E kann aus der Faltvorlage gebildet werden?

A B C D E

45) Diese Faltvorlage ist die Außenseite eines Körpers.

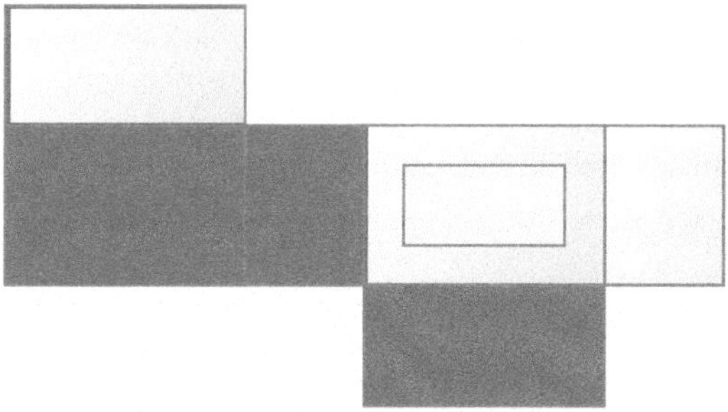

Welcher der Körper A bis E kann aus der Faltvorlage gebildet werden?

A **B** **C** **D** **E**

46) Diese Faltvorlage ist die Außenseite eines Körpers.

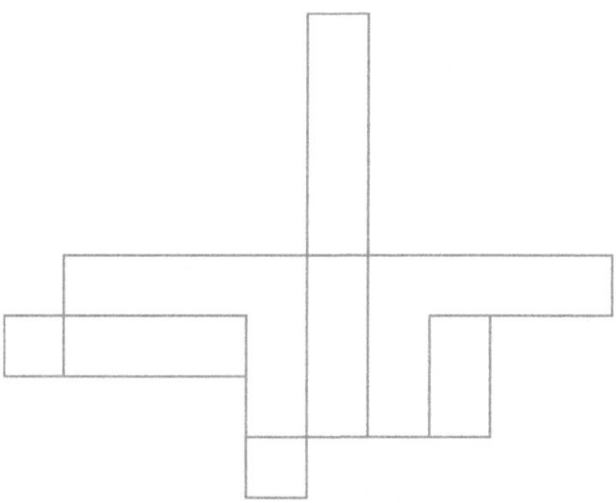

Welcher der Körper A bis E kann aus der Faltvorlage gebildet werden?

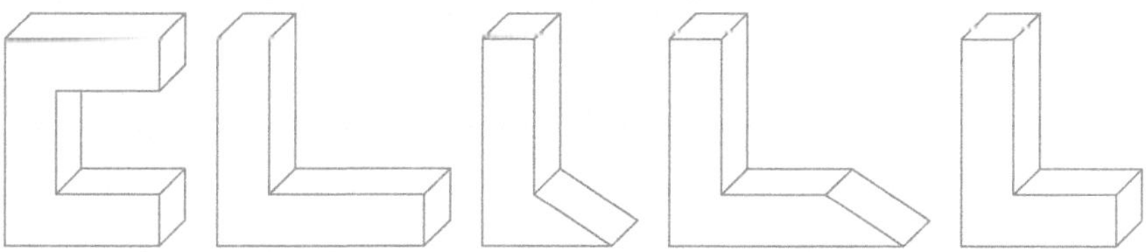

A **B** **C** **D** **E**

47) Diese Faltvorlage ist die Außenseite eines Körpers.

Welcher der Körper A bis E kann aus der Faltvorlage gebildet werden?

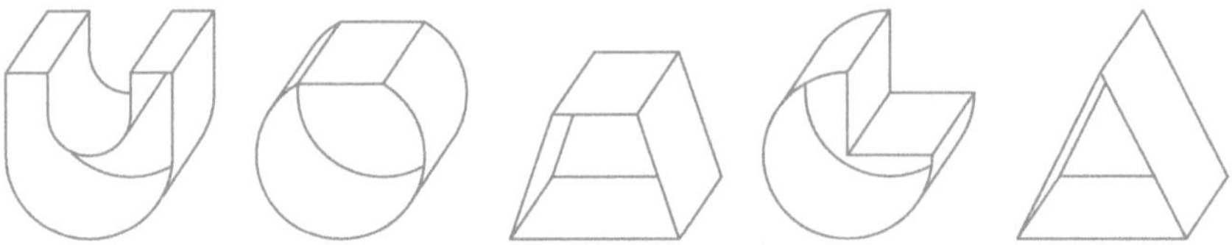

A **B** **C** **D** **E**

48) Diese Faltvorlage ist die Außenseite eines Körpers.

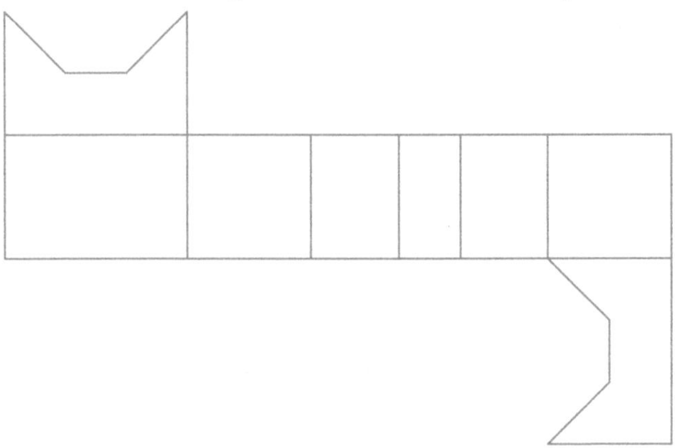

Welcher der Körper A bis E kann aus der Faltvorlage gebildet werden?

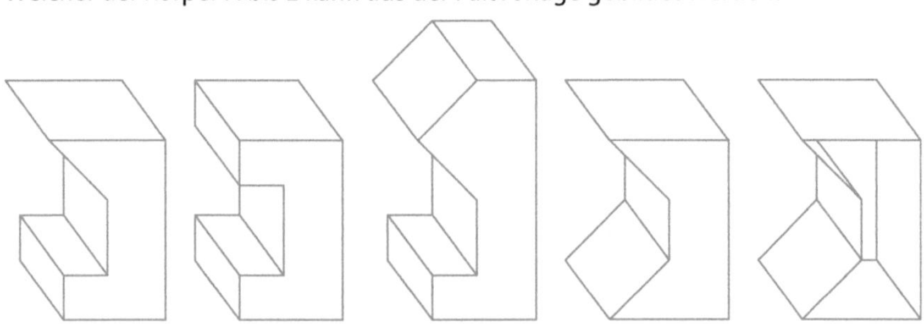

A **B** **C** **D** **E**

49) Diese Faltvorlage ist die Außenseite eines Körpers.

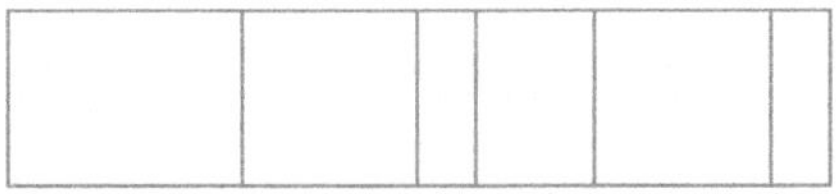

Welcher der Körper A bis E kann aus der Faltvorlage gebildet werden?

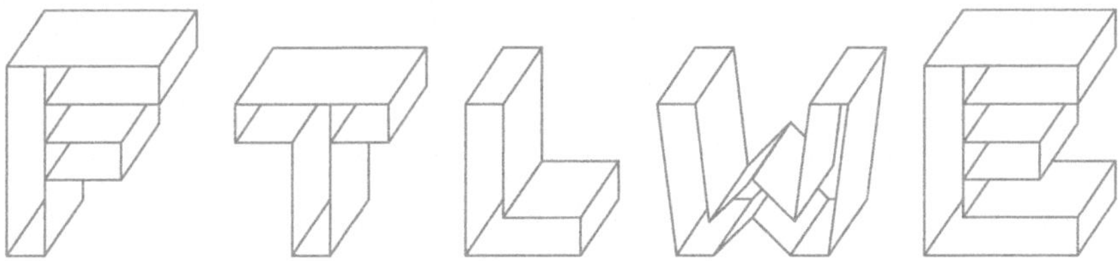

A B C D E

50) Diese Faltvorlage ist die Außenseite eines Körpers.

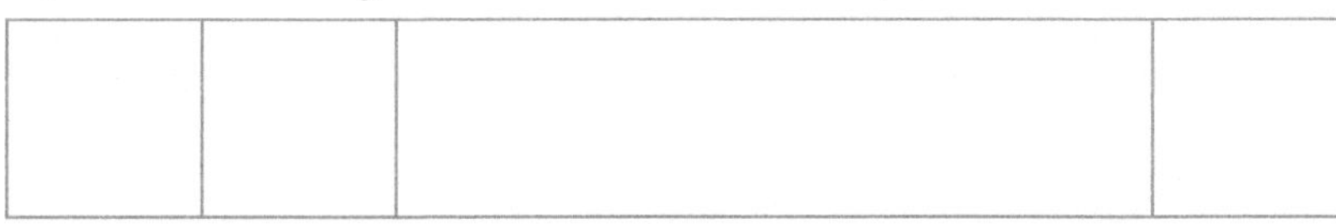

Welcher der Körper A bis E kann aus der Faltvorlage gebildet werden?

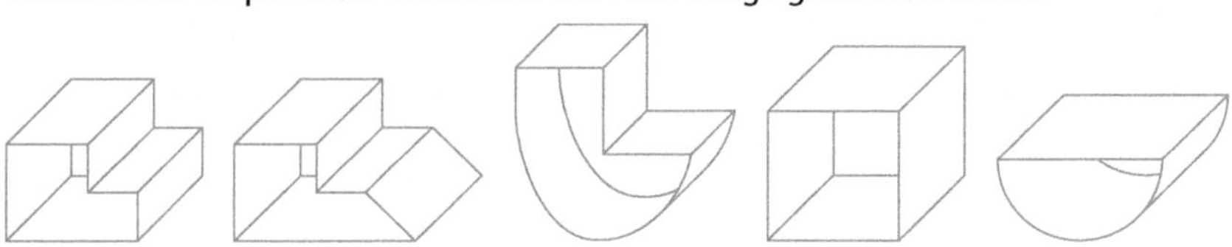

A B C D E

Musterwürfel zuordnen

Bearbeitungszeit 10 Minuten

Zu jeder Aufgabe erhalten Sie einen Würfel, dessen Seiten unterschiedlich gemustert sind. Entscheiden Sie, welcher der abgebildeten Musterwürfel dem Aufgabenwürfel entspricht – dieser kann beliebig nach links oder rechts, nach vorne oder hinten, im oder gegen den Uhrzeigersinn gedreht bzw. gekippt werden.

Hierzu ein Beispiel

Aufgabe

1) Ihnen wird ein Aufgabenwürfel vorgegeben.

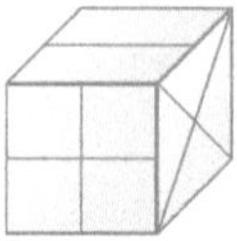

Welcher der Musterwürfel A bis E ist identisch mit dem Aufgabenwürfel?

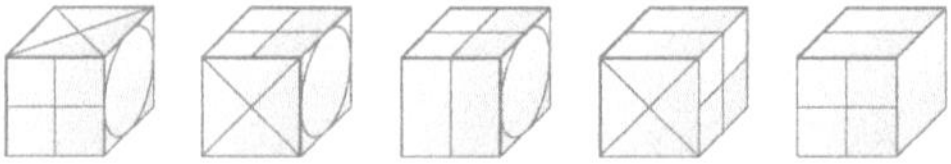

A **B** **C** **D** **E**

Antwort

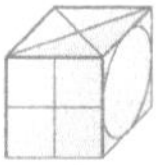

(A)

Kippen Sie den Aufgabenwürfel nach links.

Bitte bearbeiten Sie nun die Aufgaben: Markieren Sie jeweils den Lösungsbuchstaben des richtigen Antwortvorschlags. Sie haben dafür **10 Minuten** Zeit.

51) Ihnen wird ein Aufgabenwürfel vorgegeben.

Welcher der Musterwürfel A bis E ist identisch mit dem Aufgabenwürfel?

A B C D E

52) Ihnen wird ein Aufgabenwürfel vorgegeben.

Welcher der Musterwürfel A bis E ist identisch mit dem Aufgabenwürfel?

A B C D E

53) Ihnen wird ein Aufgabenwürfel vorgegeben.

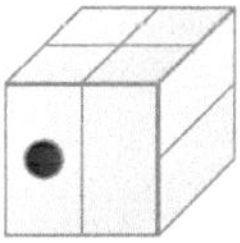

Welcher der Musterwürfel A bis E ist identisch mit dem Aufgabenwürfel?

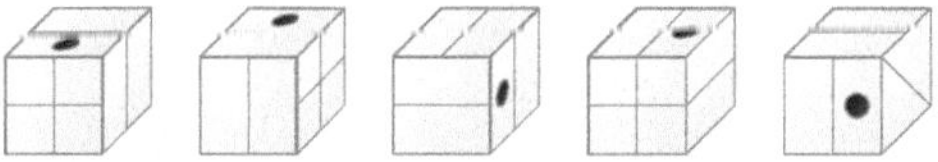

A B C D E

54) Ihnen wird ein Aufgabenwürfel vorgegeben.

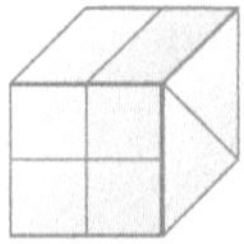

Welcher der Musterwürfel A bis E ist identisch mit dem Aufgabenwürfel?

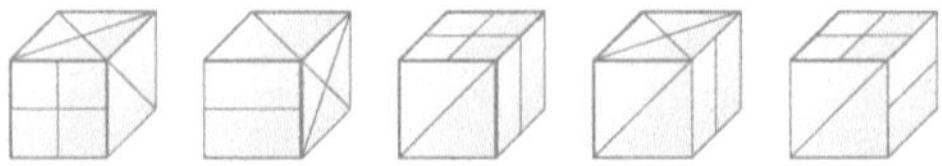

A B C D E

55) Ihnen wird ein Aufgabenwürfel vorgegeben.

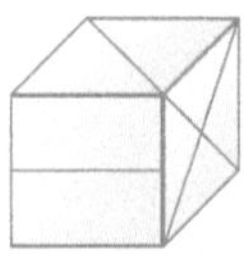

Welcher der Musterwürfel A bis E ist identisch mit dem Aufgabenwürfel?

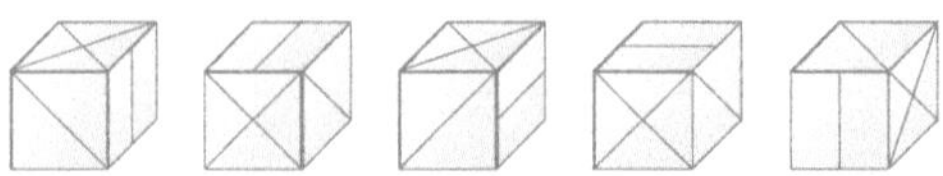

A B C D E

56) Ihnen wird ein Aufgabenwürfel vorgegeben.

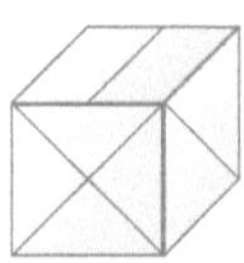

Welcher der Musterwürfel A bis E ist identisch mit dem Aufgabenwürfel?

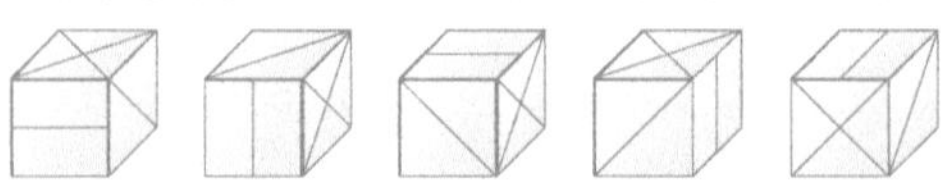

A B C D E

57) Ihnen wird ein Aufgabenwürfel vorgegeben.

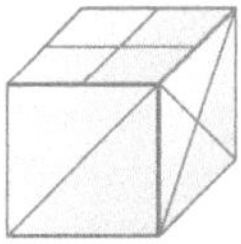

Welcher der Musterwürfel A bis E ist identisch mit dem Aufgabenwürfel?

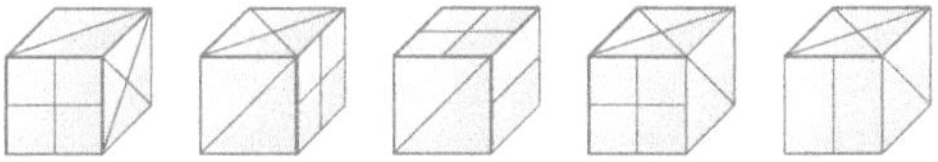

A **B** **C** **D** **E**

58) Ihnen wird ein Aufgabenwürfel vorgegeben.

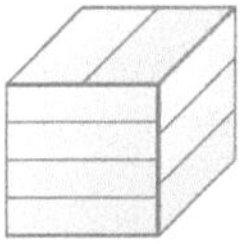

Welcher der Musterwürfel A bis E ist identisch mit dem Aufgabenwürfel?

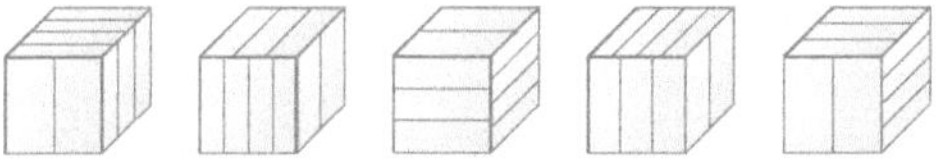

A **B** **C** **D** **E**

59) Ihnen wird ein Aufgabenwürfel vorgegeben.

Welcher der Musterwürfel A bis E ist identisch mit dem Aufgabenwürfel?

A **B** **C** **D** **E**

60) Ihnen wird ein Aufgabenwürfel vorgegeben.

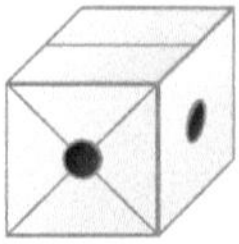

Welcher der Musterwürfel A bis E ist identisch mit dem Aufgabenwürfel?

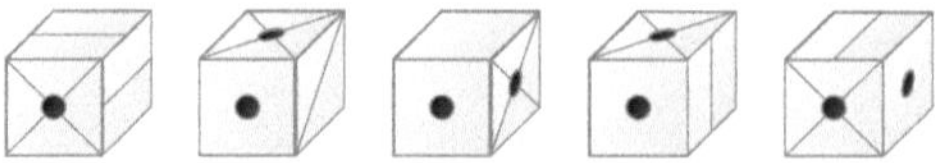

A B C D E

Spielwürfel drehen *Bearbeitungszeit 10 Minuten*

Die gegenüberliegenden Seiten eines Spielwürfels ergeben in der Summe immer die Augenzahl Sieben: Zeigt beispielsweise die Vorderseite eine „6", muss auf der Rückseite die „1" stehen. Daher können Sie von drei sichtbaren Würfelflächen auf die Lage aller anderen Flächen schließen.

Bitte führen Sie bei jeder Aufgabe die vorgegebenen Operationen durch und markieren Sie den Antwortbuchstaben der korrekten Lösung.

Hierzu ein Beispiel

Aufgabe

1) Der abgebildete Spielwürfel wird 90 Grad im Uhrzeigersinn gedreht.

Welche Vorderansicht zeigt der Würfel nun?

A B C D E

Antwort

(A)

Gegenprobe: Drehen Sie Lösungswürfel A 90 Grad gegen den Uhrzeigersinn.

Bitte bearbeiten Sie nun die Aufgaben: Markieren Sie jeweils den Lösungsbuchstaben des richtigen Antwortvorschlags. Sie haben dafür **10 Minuten** Zeit.

61) Der abgebildete Spielwürfel wird nach links gekippt und 90 Grad gegen den Uhrzeigersinn gedreht.

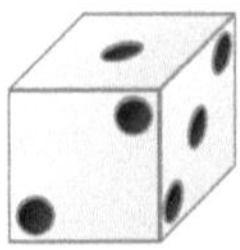

Welche Vorderansicht zeigt der Würfel nun?

A B C D E

62) Der abgebildete Spielwürfel wird nach links gekippt und 90 Grad gegen den Uhrzeigersinn gedreht.

Welche Vorderansicht zeigt der Würfel nun?

A B C D E

63) Der abgebildete Spielwürfel wird nach hinten gekippt und 90 Grad im Uhrzeigersinn gedreht.

Welche Vorderansicht zeigt der Würfel nun?

A B C D E

64) Der abgebildete Spielwürfel wird nach links gekippt und um 180 Grad gedreht.

Welche Vorderansicht zeigt der Würfel nun?

A B C D E

65) Der abgebildete Spielwürfel wird nach hinten gekippt und 90 Grad gegen den Uhrzeigersinn gedreht.

Welche Vorderansicht zeigt der Würfel nun?

A B C D E

66) Der abgebildete Spielwürfel wird nach rechts gekippt und 90 Grad im Uhrzeigersinn gedreht.

Welche Vorderansicht zeigt der Würfel nun?

A B C D E

67) Der abgebildete Spielwürfel wird nach links gekippt und 90 Grad im Uhrzeigersinn gedreht.

Welche Vorderansicht zeigt der Würfel nun?

A B C D E

68) Der abgebildete Spielwürfel wird nach links gekippt, danach 90 Grad im Uhrzeigersinn gedreht und nach rechts gekippt.

Welche Vorderansicht zeigt der Würfel nun?

A B C D E

69) Der abgebildete Spielwürfel wird zweimal nach rechts gekippt und 90 Grad im Uhrzeigersinn gedreht.

Welche Vorderansicht zeigt der Würfel nun?

A B C D E

70) Der abgebildete Spielwürfel wird zweimal nach rechts gekippt und 90 Grad im Uhrzeigersinn gedreht.

Welche Vorderansicht zeigt der Würfel nun?

A B C D E

Gespiegelte Figuren

Bearbeitungszeit 3½ Minuten

Diese Aufgaben prüfen Ihre visuelle Auffassungsgabe.

Jede Reihe enthält eine Figur in fünf Variationen – viermal unterschiedlich weit gedreht, einmal jedoch gespiegelt.

Beantworten Sie bitte die folgenden Aufgaben, indem Sie jeweils den Antwortbuchstaben der gespiegelten Figur markieren.

71)

A B C D E

72)

A B C D E

73)

A B C D E

74)

A B C D E

75)

A B C D E

76)

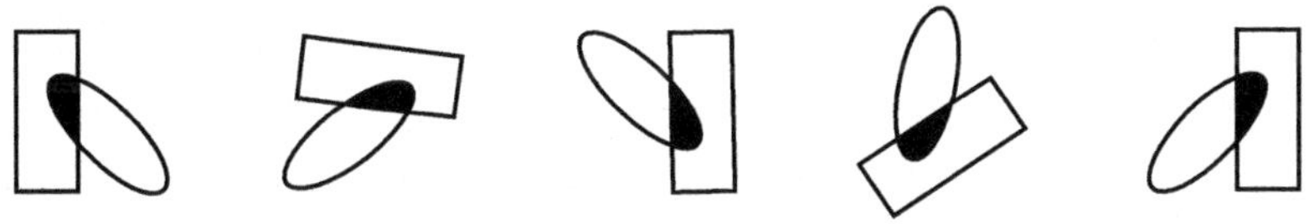

A B C D E

77)

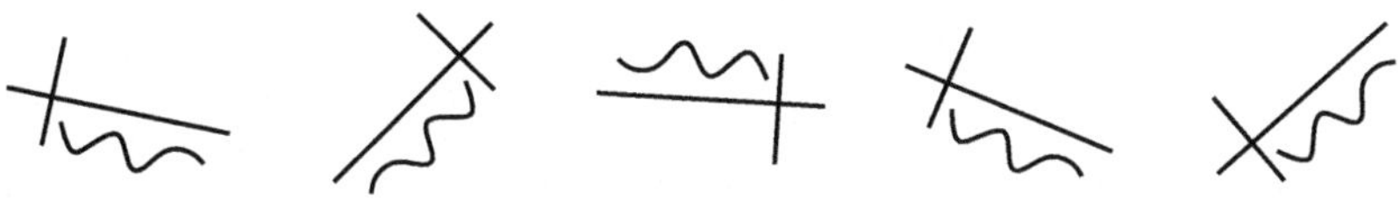

A B C D E

78)

A B C D E

79)

A B C D E

80)

A B C D E

Fehlerhafte Figuren *Bearbeitungszeit 2×1½ Minuten*

Mit diesen Aufgaben wird Ihre Fähigkeit zur Erkennung visueller Details geprüft.

Sie erhalten eine Reihe mit scheinbar identischen Figuren. Aber eine Figur unterscheidet sich geringfügig von den anderen.

Beantworten Sie bitte die folgenden Aufgaben, indem Sie in jeder Reihe die fehlerhafte Figur erkennen und markieren.

Block A: Gesichter

Welche der fünf Figuren unterscheidet sich von den anderen in der Reihe?

Für diesen Aufgabenblock haben Sie **1½ Minuten** Zeit.

81)

A B C D E

82)

A B C D E

83)

A B C D E

84)

A B C D E

85)

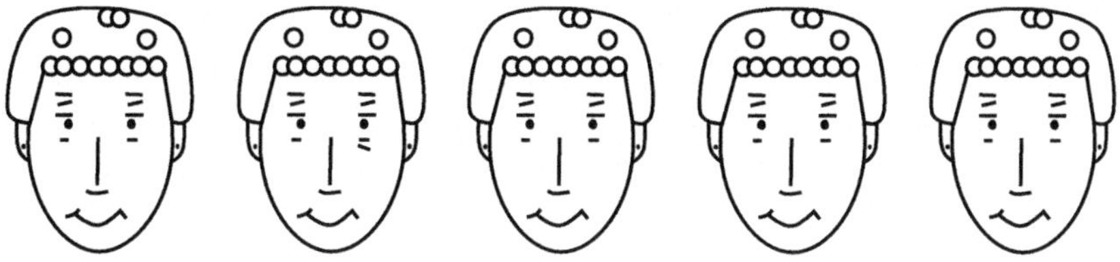

A B C D E

Block B: Segelboote

Welche der fünf Figuren unterscheidet sich von den anderen in der Reihe?

Für diesen Aufgabenblock haben Sie **1½ Minuten** Zeit.

86)

A B C D E

87)

A B C D E

88) 

A B C D E

89) 

A B C D E

90) 

A B C D E

Lösungen: Visuelles Denkvermögen

1) C	31) C	61) D
2) E	32) C	62) C
3) B	33) D	63) A
4) D	34) C	64) B
5) E	35) C	65) E
6) D	36) C	66) C
7) B	37) B	67) D
8) C	38) B	68) B
9) C	39) D	69) B
10) E	40) C	70) A
11) A	41) D	71) D
12) C	42) A	72) C
13) B	43) C	73) D
14) C	44) C	74) B
15) E	45) A	75) C
16) A	46) E	76) E
17) C	47) D	77) B
18) C	48) D	78) A
19) C	49) C	79) C
20) A	50) C	80) E
21) C	51) C	81) B
22) D	52) D	82) B
23) B	53) B	83) E
24) A	54) C	84) C
25) B	55) B	85) B
26) E	56) D	86) B
27) D	57) D	87) D
28) E	58) D	88) A
29) B	59) A	89) C
30) E	60) C	90) B

Figurenreihen (Aufgaben 1–10)

Zu 1) C.

In jeder Figur stehen die Linien parallel zueinander.

Zu 2) E.

In jeder Figur wird eine von zwei Linien von zwei parallel laufenden kurzen Strichen gekreuzt.

Zu 3) B.

Die Figur wächst mit jedem Schritt um ein weiteres Kästchen, und gleichfarbige Kästchen sind nicht benachbart.

Zu 4) D.

Mit jedem Schritt dreht sich der Pfeil um 45 Grad gegen den Uhrzeigersinn, und die weißen Punkte werden konstant weniger – bis sie schließlich ganz verschwunden sind.

Zu 5) E.

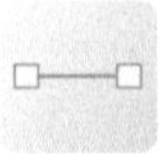

Die Objekte erstrecken sich abwechselnd senkrecht und waagerecht, die kleinen Endkörper sind gespiegelt (die Spiegelachse verläuft quer zur Linie).

Zu 6) D.

Eine Hälfte der vorliegenden Form wird entfernt, die verbleibende Hälfte teilt sich daraufhin erneut – dies geschieht im Wechsel.

Zu 7) B.

Die erste Figur verfügt über sechs gegeneinander abgegrenzte Flächen, die zweite über sieben und die dritte über acht – bei der vierten müssen es folglich neun Flächen sein.

Zu 8) C.

Die Reihe besteht aus Dreiecken und Vierecken, die sich abwechseln, wobei alle Vierecke grau eingefärbt sind.

Zu 9) C.

Jede Figur ist im Vergleich zu ihrem Vorgänger um 135 Grad im Uhrzeigersinn gedreht, wobei die Lage der grauen Fläche stets wechselt.

Zu 10) E.

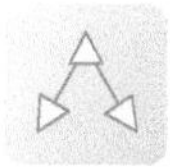

Von Schritt zu Schritt dreht sich die Dreiecksform um 45 Grad gegen den Uhrzeigersinn. An den Eckpunkten sitzt innerhalb eines Felds stets das gleiche Element, das jedoch in keinem anderen Feld auftaucht.

Figurenmatrizen (Aufgaben 11–20)

Zu 11) A.

In jeder Spalte und in jeder Reihe wechseln sich waagerechte und senkrechte Linien von Feld zu Feld ab. Zusätzlich verringert sich die Anzahl der Linien von links nach rechts immer um 1.

Zu 12) C.

Gehen Sie von oben nach unten vor: Die beiden oberen Figuren einer Spalte ergeben aufeinandergelegt das jeweils untere Objekt.

Zu 13) B.

Gehen Sie in den einzelnen Reihen von links nach rechts vor. In jeder Reihe kommt nur ein Objekttyp (Viereck, Raute, Kreis) vor. In den Objekten befinden sich zwei Punkte, die mit verschiedenen Geschwindigkeiten innerhalb des Objekts umlaufen: Ein Punkt wandert um 90° im Uhrzeigersinn, der andere um 180°.

Zu 14) C.

Gehen Sie von oben nach unten vor: Die beiden oberen Figuren einer Spalte ergeben aufeinandergelegt das jeweils untere Objekt, wobei doppelt vorhandene Linien entfernt werden müssen.

Zu 15) E.

Gehen Sie von oben nach unten vor. Der Pfeil wird mit jedem Schritt nach unten um 90° gegen den Uhrzeigersinn gedreht. So kommen nur die Antworten A und E in Betracht. Zudem darf in jeder Spalte nur ein schwarzes Objekt sein, sodass nur Antwort E als Lösung bleibt.

Zu 16) A.

Gehen Sie in jeder Spalte von oben nach unten vor. In jedem Feld liegen zwei Objekte übereinander. Das jeweils obenauf liegende Objekt dreht sich von Feld zu Feld um 45° im Uhrzeigersinn, das untere ändert seine Lage nicht. In der rechten Spalte ist das obere Objekt ein Kreis, dem man die Drehungen nicht ansieht.

Zu 17) C.

Gehen Sie in den einzelnen Spalten von oben nach unten vor. Jedes Feld zeigt ein keilförmiges Objekt vor einem Hintergrund. Von Feld zu Feld werden die Keile nun um 90° im Uhrzeigersinn gedreht. Der Hintergrund des jeweils untersten Feldes ergibt sich aus der „Addition" der beiden oberen Felder, die übereinandergelegt werden.

Zu 18) C.

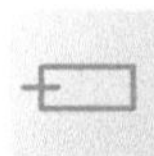

Gehen Sie in den Reihen von links nach rechts vor: Zuerst wird das Objekt vertikal gespiegelt, anschließend horizontal.

Zu 19) C.

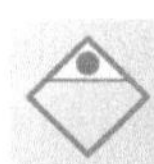

Gehen Sie in den Reihen von links nach rechts vor: Zuerst wird das Objekt an der Diagonalen gespiegelt, anschließend 90° gegen den Uhrzeigersinn gedreht.

Zu 20) A.

Gehen Sie in jeder Reihe von links nach rechts vor: Der längere Zeiger dreht sich von Feld zu Feld um jeweils 45° im Uhrzeigersinn, der kleine Zeiger rotiert bei jedem Schritt um 45° entgegen dem Uhrzeigersinn.

Dominosteine (Aufgaben 21–30)

Zu 21) C.

Der gesuchte Stein zeigt oben die Augenzahl 6, das untere Feld ist leer.

Betrachten Sie nur die senkrecht aufgestellten Steine: Die oberen Felder sind gleich, die unteren Felder ergeben die logische Folge 4/2/0 (obere Reihe) bzw. 0/2/4 (untere Reihe).

Zu 22) D.

Die oberen Felder ergeben die Zahlenfolge 1/2/3/4/5, die unteren Felder ergeben die Reihe 5/4/3/2/1.

Zu 23) B.

Betrachten Sie jede Reihe für sich: Die oberen Felder ergeben eine aufsteigende Zahlenfolge, in den unteren Feldern wiederholt sich bei allen Steinen dieselbe Zahl.

Zu 24) A.

Betrachten Sie jede Reihe für sich: Die oberen Felder ergeben eine aufsteigende und die unteren Felder eine absteigende Zahlenfolge.

Zu 25) B.

Gegenüberliegende Felder ergeben stets die Augenzahl 6. Der gesuchte Dominostein liegt dem Stein mit der Zahlenbelegung (2|1) gegenüber und muss folglich die Belegung (4|5) aufweisen. Stein B ist der richtige.

Zu 26) E.

Die obere Augenzahl der Steine nimmt in einer Reihe von links nach rechts immer um 2 zu, der gesuchte Stein muss also im oberen Feld die Augenzahl 6 zeigen. Im unteren Feld zeigen alle Steine der rechten Spalte eine Zahl, die um 1 größer ist als bei den Steinen links davon – in der betreffenden Reihe ist das die 4.

Zu 27) D.

In den oberen Feldern der Steine kommen pro Reihe die Zahlen 3, 1 und 2 genau einmal vor. Der gesuchte Stein muss oben also die Augenzahl 1 zeigen. In den unteren Feldern kommen in jeder Reihe die Zahlen 4, 5 und 6 genau einmal vor, und in der betreffenden Reihe fehlt nur noch die 6.

Zu 28) E.

Der gesuchte Stein zeigt oben ein leeres Feld und unten die Augenzahl 2: Bei jeweils zwei Steinen pro Reihe bleiben die oberen Felder leer und der verbleibende Stein zeigt oben die Augenzahl 3. In den unteren Feldern kommen pro Reihe die Augenzahlen 1 und 2 genau einmal vor und das untere Feld des verbleibenden Steins bleibt frei.

Zu 29) B.

Der gesuchte Stein zeigt oben die Augenzahl 2 und unten die Augenzahl 4.

Betrachten Sie jede Spalte für sich: Im oberen Feld des jeweils unteren Steins steht die Augensumme des oberen Steins, im unteren Feld des unteren Steins steht die Augensumme des mittleren Steins.

Zu 30) E.

Der gesuchte Stein zeigt oben eine 2 und unten eine 4: Die untere Augenzahl der Dominosteine nimmt in jeder Reihe von links nach rechts um 2 zu. Pro Reihe kommen darüber hinaus in den oberen Feldern die Zahlen 0, 2 und 6 genau einmal vor.

Räumliches Grundverständnis (Aufgaben 31–40)

Zu 31) C. 8

Der Körper besteht aus 8 Flächen.

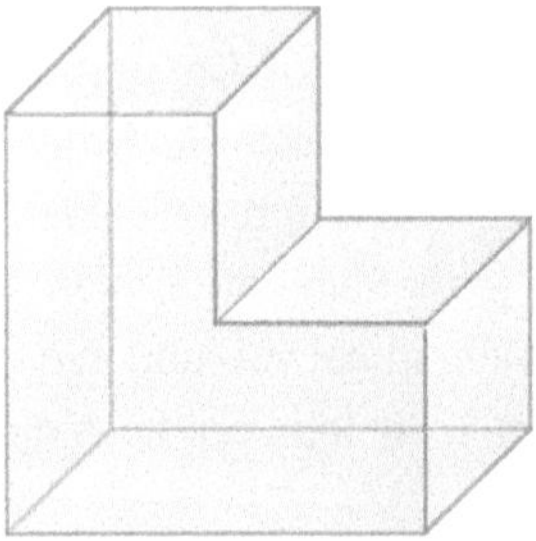

Zu 32) C. 3

Der Körper besteht aus 3 Flächen.

Zu 33) D. 4

Der Körper besteht aus 4 Flächen.

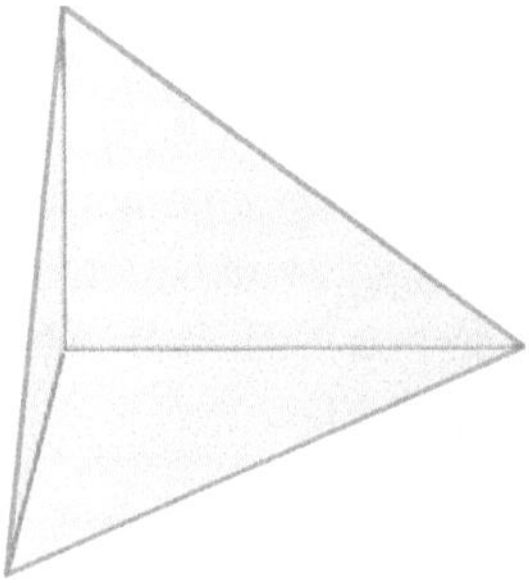

Zu 34) C. 8

Der Körper besteht aus 8 Flächen.

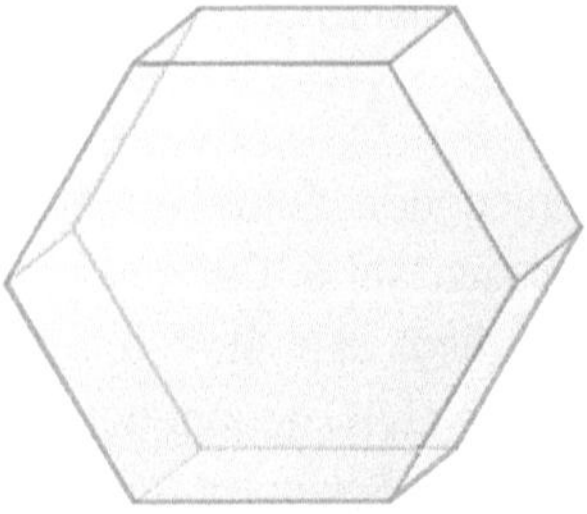

Zu 35) C. 7

Der Körper besteht aus 7 Flächen – den 6 äußeren Flächen und einer innen liegenden.

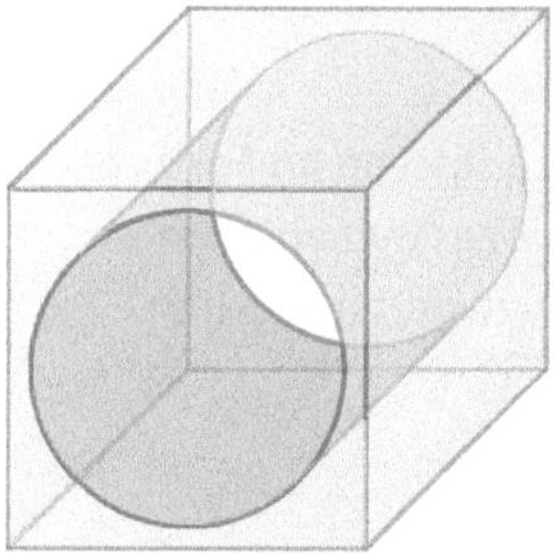

Zu 36) C. 9

Der Körper besteht aus 9 Flächen.

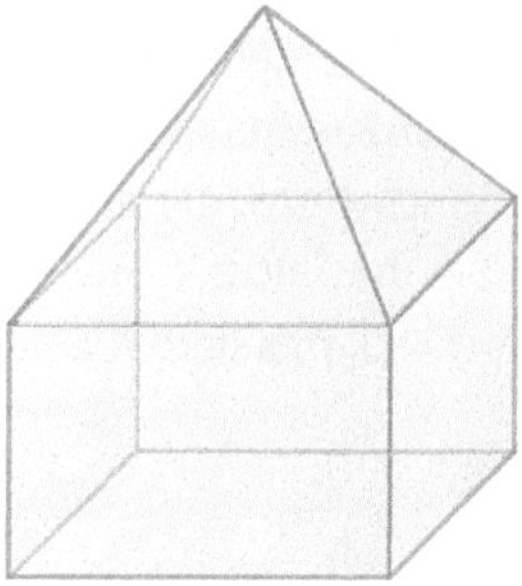

Zu 37) B. 10

Der Körper besteht aus 10 Flächen.

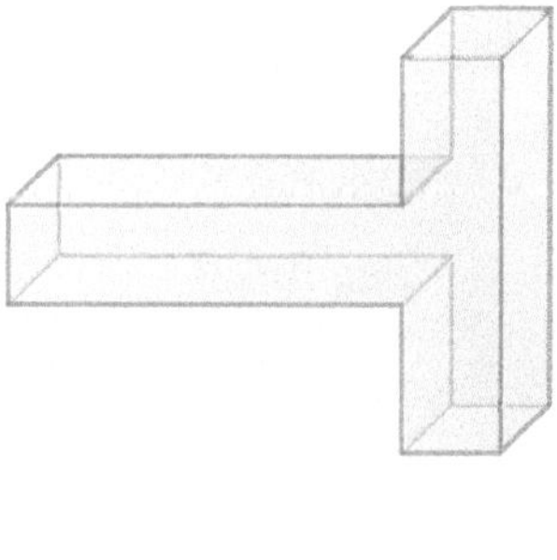

Zu 38) B. 10

Der Körper besteht aus 10 Flächen.

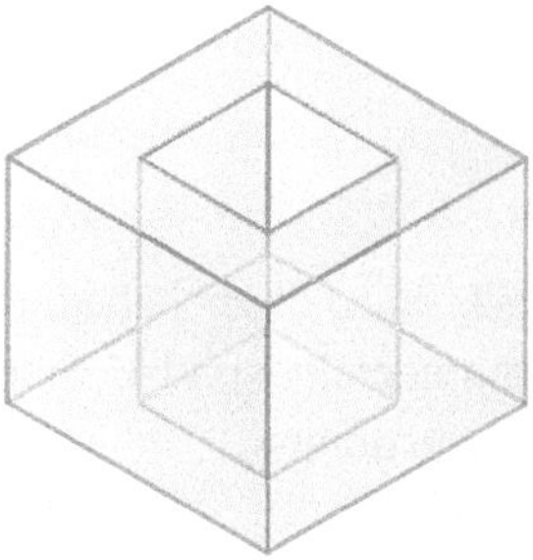

Zu 39) D. 14

Der Körper besteht aus 14 Flächen.

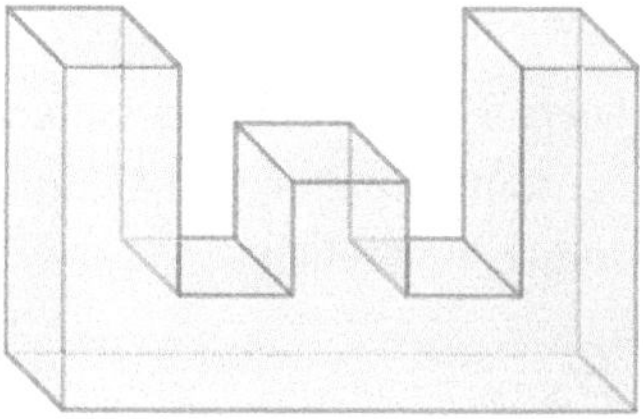

Zu 40) C. 14

Der Körper besteht aus 14 Flächen.

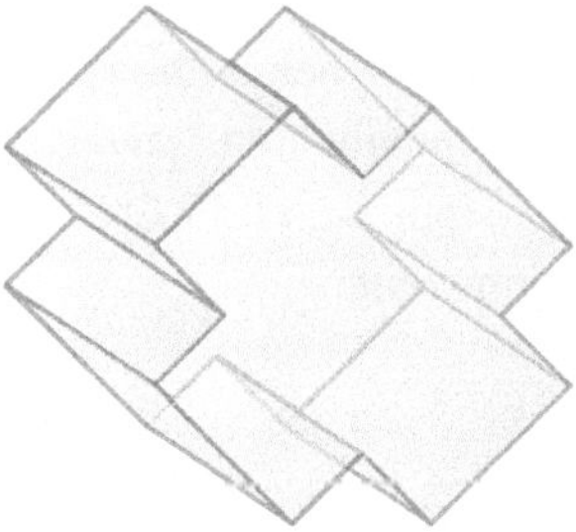

Faltvorlagen (Aufgaben 41–50)

Zu 41) D.

Doppelviereck im Fokus behalten, Quader zusammenfalten und 45 Grad im Uhrzeigersinn drehen.

Zu 42) A.

Doppelviereck im Fokus behalten, Quader zusammenfalten und 45 Grad im Uhrzeigersinn drehen.

Zu 43) C.

Doppelviereck im Fokus behalten, Quader zusammenfalten, zweimal nach rechts kippen und 45 Grad im Uhrzeigersinn drehen.

Zu 44) C.

Hellgraue Längsseite im Fokus behalten, Quader zusammenfalten und 45 Grad im Uhrzeigersinn drehen.

Zu 45) A.

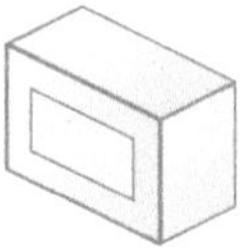

Aus der gegebenen Vorlage kann nur Körper A gebildet werden: Falten Sie dazu den Quader zusammen, stellen Sie ihn auf die schwarze Standfläche und drehen Sie ihn mit der breiten, mit einem Rechteck markierten Seite nach links.

Zu 46) E.

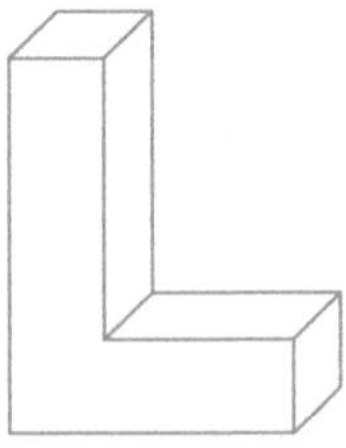

Zu 47) D.

Zu 49) C.

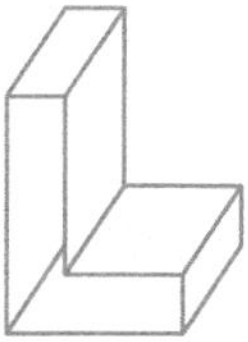

Zu 48) D.

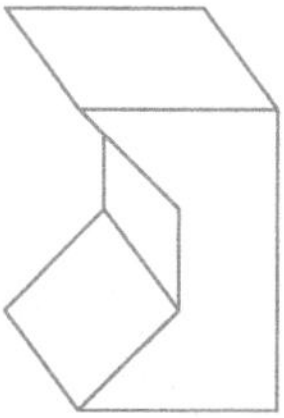

Zu 50) C.

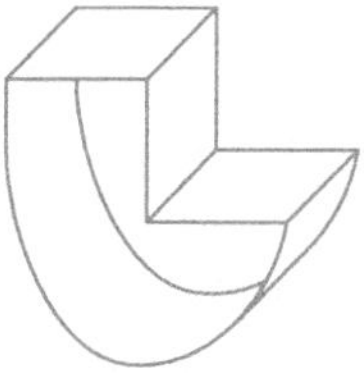

Lösungshinweis

Falls Sie nicht durch das Zusammenfalten des Körpers im Geiste auf die richtige Lösung kommen: Vergleichen Sie die Anordnung der Flächen der Faltvorlage mit den Seiten der vorgeschlagenen Körper. Liegt z. B. eine graue Fläche neben einer weißen, eine Fläche mit einem Kreis neben einer Fläche mit einem Quadrat oder eine quadratische Fläche neben einer schmalen rechteckigen? Bei manchen Aufgaben ist auch die Anzahl der Flächen interessant – hat der Körper genauso viele Seiten wie die Faltvorlage Flächen?

Musterwürfel zuordnen (Aufgaben 51–60)

Zu 51) C.

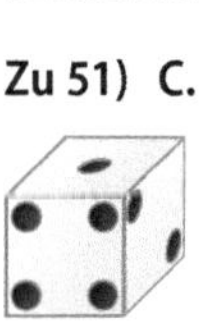

Kippen Sie den Aufgabenwürfel nach rechts und drehen Sie ihn um 90 Grad im Uhrzeigersinn.

Zu 52) D.

Kippen Sie den Aufgabenwürfel nach links und drehen Sie ihn um 90 Grad im Uhrzeigersinn.

Zu 53) B.

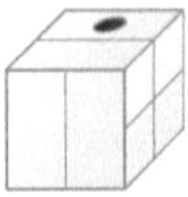

Kippen Sie den Aufgabenwürfel nach hinten und drehen Sie ihn um 90 Grad im Uhrzeigersinn.

Zu 54) C.

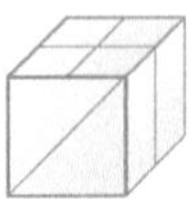

Drehen Sie den Aufgabenwürfel um 90 Grad im Uhrzeigersinn und kippen Sie ihn nach rechts.

Zu 55) B.

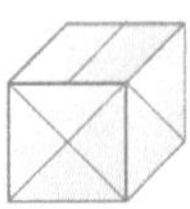

Drehen Sie den Aufgabenwürfel um 90 Grad im Uhrzeigersinn und kippen Sie ihn nach rechts.

Zu 56) D.

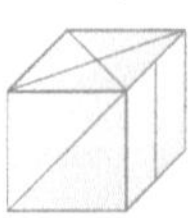

Drehen Sie den Aufgabenwürfel um 90 Grad im Uhrzeigersinn und kippen Sie ihn nach rechts.

Zu 57) D.

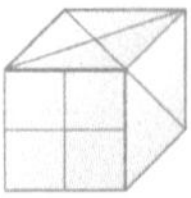

Drehen Sie den Aufgabenwürfel um 90 Grad gegen den Uhrzeigersinn und kippen Sie ihn nach vorne.

Zu 58) D.

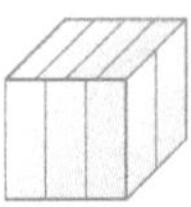

Drehen Sie den Aufgabenwürfel um 90 Grad im Uhrzeigersinn und kippen Sie ihn nach rechts.

Zu 59) A.

Kippen Sie den Aufgabenwürfel nach hinten und drehen Sie ihn um 90 Grad im Uhrzeigersinn.

Zu 60) C.

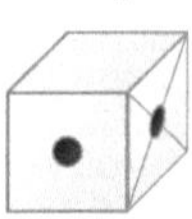

Kippen Sie den Aufgabenwürfel zweimal nach vorne und drehen Sie ihn um 90 Grad im Uhrzeigersinn.

Spielwürfel drehen (Aufgaben 61–70)

Zu 61) D.

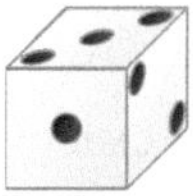

Gegenprobe: Drehen Sie Lösungswürfel D 90 Grad im Uhrzeigersinn und kippen Sie ihn nach rechts.

Zu 62) C.

Gegenprobe: Drehen Sie Lösungswürfel C 90 Grad im Uhrzeigersinn und kippen Sie ihn nach rechts.

Zu 63) A.

Gegenprobe: Drehen Sie Lösungswürfel A 90 Grad gegen den Uhrzeigersinn und kippen Sie ihn nach vorne.

Zu 64) B.

Gegenprobe: Drehen Sie Lösungswürfel B um 180 Grad und kippen Sie ihn nach rechts.

Zu 65) E.

Gegenprobe: Drehen Sie Lösungswürfel E 90 Grad im Uhrzeigersinn und kippen Sie ihn nach vorne.

Zu 66) C.

Gegenprobe: Drehen Sie Lösungswürfel C 90 Grad gegen den Uhrzeigersinn und kippen Sie ihn nach links.

Zu 67) D.

Gegenprobe: Drehen Sie Lösungswürfel D 90 Grad gegen den Uhrzeigersinn und kippen Sie ihn nach rechts.

Zu 68) B.

Gegenprobe: Kippen Sie Lösungswürfel B nach links, drehen Sie ihn 90 Grad gegen den Uhrzeigersinn und kippen Sie ihn dann nach rechts.

Zu 69) B.

Gegenprobe: Drehen Sie Lösungswürfel B 90 Grad gegen den Uhrzeigersinn und kippen Sie ihn zweimal nach links.

Zu 70) A.

Gegenprobe: Drehen Sie Lösungswürfel A 90 Grad gegen den Uhrzeigersinn und kippen Sie ihn zweimal nach links.

Gespiegelte Figuren (Aufgaben 71–80)

Zu 71) D.

Zu 72) C.

Zu 73) D.

Zu 74) B.

Zu 75) C.

Zu 76) E.

Zu 77) B.

Zu 78) A.

Zu 79) C.

Zu 80) E.

Fehlerhafte Figuren (Aufgaben 81–90)

Block A: Gesichter

Zu 81) B.

Zu 82) B.

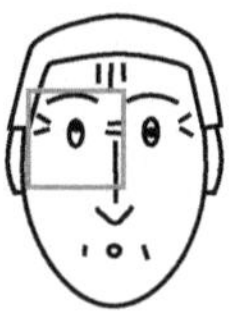

Zu 83) E.

Zu 84) C.

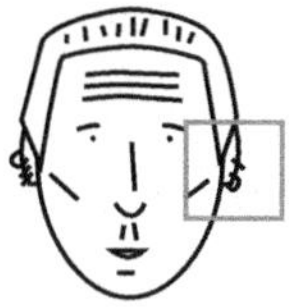

Zu 85) B.

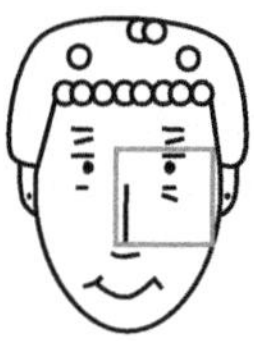

Block B: Segelboote

Zu 86) B.

Zu 87) D.

Zu 88) A.

Zu 89) C.

Zu 90) B.

Konzentration und Merkfähigkeit

„n/m“-Test

Bearbeitungszeit 3 Minuten

Jede Aufgabenzeile enthält die Buchstaben „n“ und „m“.

Ihr Auftrag lautet, in jeder Zeile alle „n“s zu finden und die ermittelte Anzahl ins Lösungsfeld am Zeilenende zu schreiben.

Hierzu ein Beispiel

Aufgabe

1) n n n m m m m m m m m m m m m m m m m m ____

2) m m m m m m m m m m m m m m m m m m n n ____

Antwort

1) <u>*n*</u> <u>*n*</u> <u>*n*</u> m m m m m m m m m m m m m m m m m 3

2) m m m m m m m m m m m m m m m m m m <u>*n*</u> <u>*n*</u> 2

Bitte beginnen Sie nun mit der Bearbeitung: Schreiben Sie neben jede Zeile die Zahl der gefundenen „n“s.

1) m m m n m m n m m m m m m m m m m m m m ____

2) m m n n m m n n m m m m m m m m m m m m ____

3) m m m m m m m n m n m n m m m m m m m m ____

4) m m m m m m m m m m m n n n m m m m m m ____

5) m m m m m m m m m m m m m m n n m n m n ____

6) m m m m m m m m m m n m m m m n m n m m ____

7) m m m m m m m m n m n m n m m m m m m m ____

8) m m m m m m n m m n m m m n m m m m m m ____

9) m n m m m m m m m m m m m m m m m m m m ____

10) m n m n m n m m m m m m m m m m m m m m ____

11) m m m m m n m n m n m m m m m m m m m m ____

12) m m m m m m m m m n m m n n n m m m m m ____

13) m m m m m m m m m m m m m m m n n m n m ____

14) n m n n n n m m m m m m m m m m m m m m ____

15) m n n m m n n m m m m m m m m m m m m m ____

16) m m m n n m n n n m m m m m m m m m m m ____

17) n n n m n m n m m m m m m m m m m m m m ____

18) m n m m n m m m m m m m m m m m m m m m ____

19) m m n m m m m m m m m m m m m m m m m m ____

20) m m n m m m m m m m m m m m m m m m m m ____

21) m m n m m n m m n m m n m m m n m m m m ____

22) m m m m m m n m m n m m m n m m m m m m ____

23) m m m n m m m m n m m m n m m n m m m m ____

24) m m m m m n m m m m m m m m m m m m m m ____

25) m m n m m n m m n m m m n m m m m n m m ____

26) m m m m m m m m m m n m n m n n m n m m ____

27) m m m n m n m m m m m m m m m m m m m m ____

28) m m m m m n m n m n n m m m m m m m m m ____

29) m m n n m n m m m m m m m m m m m m m m ____

30) m m m m n m m n m m n m n m m m m m m m ____

31) m m m m m m m m m m m m m n m n m n n n ____

32) m m m m m m m m m m m m n m m n m m n m ____

33) m m m m m m m m m n m m m m m m m m m m ____

34) m m m m m m m m m n m m m m m m m m m m ____

35) m m m m m m m m m m m m n n m m n m m m ____

36) m m m m n m m m m n m m m m m n m m m m ____

37) m m n m n m n m m m m m m m m m m m m m ____

38) m m m m m m n m n m n m m m m m m m m m ____

39) m m m m m m m m m m n m m m m m m m m m ____

40) m m m m m m m n m n m m m m m m m m m m ____

Buchstabenfolgen finden *Bearbeitungszeit 5 Minuten*

Sie erhalten mehrere Buchstabenreihen, in denen manchmal drei direkt benachbarte Buchstaben eine alphabetisch aufsteigende Folge bilden.

Bitte unterstreichen Sie alle Buchstabenkombinationen, auf die dies zutrifft, und notieren Sie die Anzahl der gefundenen Kombinationen im rechten Feld. Dabei gilt: Ein Buchstabe darf nur einer Kombination zugerechnet werden. Pro Zeile kommen also höchstens sechs Kombinationen vor.

Hierzu ein Beispiel

Aufgabe

1) B C D G E D A B C V D B L M N B Q R S P ____

2) B S A R A B C F J T K L M P D F S U V W ____

Antwort

1) ***B*** ***C*** ***D*** G E D ***A*** ***B*** ***C*** V D B ***L*** ***M*** ***N*** B ***Q*** ***R*** ***S*** P 4

2) B S A R ***A*** ***B*** ***C*** F J T ***K*** ***L*** ***M*** P D F S ***U*** ***V*** ***W*** 3

Bitte beginnen Sie nun mit der Bearbeitung: Zählen Sie alle Kombinationen aus drei alphabetisch aufeinanderfolgenden Buchstaben.

41) D F E G H I M V D S H P J U Z H O I J K ____

42) A B C F H R H Z G G H I N V M S A D E F ____

43) C F R S G U V W J O U U V W T E Z H Z K ____

44) O P Q F R H T Z J G H I B V C X Y Z A B ____

45) D E F A E G Q G B Z R J H K L M O I P K ____

46) F A E Q R S C V G R Z T W X Y A W X Y S ____

47) W Q E D F R W H Z T J K L P I G P Q R W ____

48) Q R S A G T R K U T O P Q S W X V F G H ____

49) F R E H G Z R U P U P Q R D R G T Z U P ____

50)	N	K	L	O	U	I	T	F	T	U	V	F	R	D	R	V	G	T	U	V
51)	S	D	W	R	T	D	S	W	C	D	E	G	H	R	W	S	T	U	K	L
52)	R	H	R	U	L	J	U	I	P	Q	R	T	U	I	J	K	O	P	Q	E
53)	Q	W	E	R	Z	U	I	O	L	M	N	E	R	T	G	D	E	F	Q	W
54)	R	T	G	J	I	O	L	K	L	M	L	O	P	I	G	A	L	I	J	K
55)	F	A	B	I	L	O	T	I	S	A	L	E	F	G	A	S	I	T	O	L
56)	E	R	T	I	C	A	N	I	J	K	R	A	S	E	D	A	A	L	D	I
57)	H	E	L	I	W	I	U	O	W	X	Y	A	R	A	D	A	R	A	T	O
58)	S	E	I	G	N	U	N	G	S	T	E	S	T	F	U	R	A	X	Y	Z
59)	E	I	N	S	T	E	L	L	U	N	G	S	T	E	S	T	D	E	F	A
60)	P	R	U	E	F	U	N	G	S	F	R	A	G	E	N	O	P	A	Z	B
61)	B	C	D	F	E	R	I	E	N	M	A	C	H	T	S	P	A	S	S	I
62)	D	A	B	E	I	S	E	I	N	I	S	T	U	N	D	B	L	E	I	B
63)	G	U	T	E	N	T	A	G	H	I	S	T	H	I	E	R	E	I	J	K
64)	D	A	S	I	S	T	A	B	C	G	A	N	Z	S	C	H	O	E	N	I
65)	G	A	S	T	Z	U	S	E	I	N	I	S	T	U	R	A	T	E	N	A
66)	K	I	L	O	G	R	S	A	T	U	R	N	E	L	E	F	G	Z	I	P
67)	L	A	C	H	E	N	M	A	C	H	T	G	U	T	U	V	T	Q	A	T
68)	J	A	D	A	S	M	A	C	H	T	W	I	R	K	L	I	C	H	I	J
69)	D	E	F	A	D	E	F	H	W	K	L	M	G	T	S	T	U	A	B	C
70)	G	U	T	E	U	E	B	U	N	G	Z	U	D	E	F	T	E	S	T	E
71)	B	A	L	L	S	P	I	E	L	E	N	M	A	C	H	S	T	U	S	A
72)	D	A	M	I	T	K	E	I	N	E	R	A	U	S	D	E	F	G	A	Q
73)	F	F	D	E	H	G	F	G	H	D	E	J	K	L	D	K	Z	T	L	O
74)	A	R	H	K	O	D	T	H	I	J	D	W	Q	J	O	Z	D	E	F	W

75)	R	T	U	W	F	H	J	O	R	M	N	O	D	J	O	R	T	S	Q	W
76)	A	D	E	F	D	G	U	O	P	Q	F	H	W	U	L	F	G	H	Q	W
77)	G	R	W	E	R	T	U	B	P	Q	R	A	B	R	S	T	Q	A	B	C
78)	B	A	N	A	B	A	K	S	A	N	A	K	I	Z	A	B	C	R	S	T
79)	B	E	N	I	S	E	V	I	Y	O	R	M	U	S	U	N	O	P	S	T
80)	S	T	R	A	S	S	E	N	S	I	N	D	E	F	R	Z	T	U	V	S

Figuren merken

Einprägezeit 10 Minuten

Wie gut können Sie sich visuelle Details einprägen?

Ihnen liegen 20 Figuren vor. In jeder Figur ist eine Teilfläche schwarz gefärbt – bitte merken Sie sich, welche.

Hierzu ein Beispiel

Aufgabe

1)

Antwort

1)

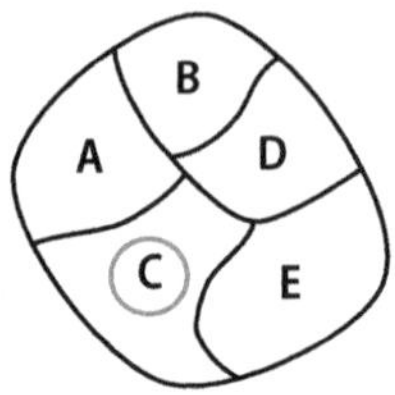

Die schwarzgefärbte Teilfläche im Original entspricht der Teilfläche C in der Lösungsfigur.

Hier nun die Figuren:

Bitte merken Sie sich, welche Teilflächen schwarz gefärbt sind. Sie haben dafür **4 Minuten** Zeit. Hierbei dürfen Sie sich keine Notizen machen.

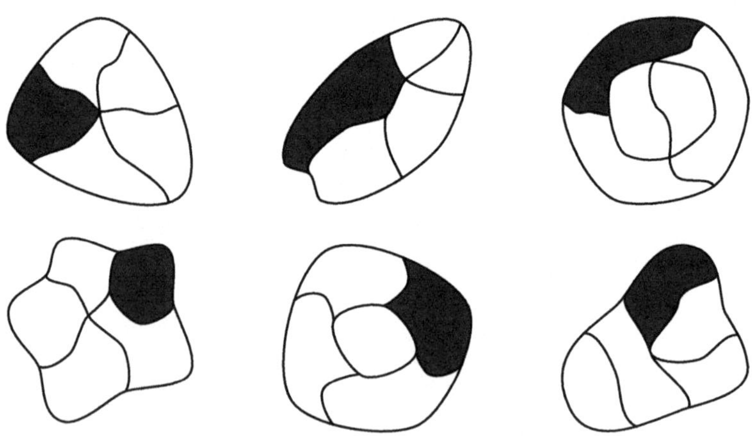

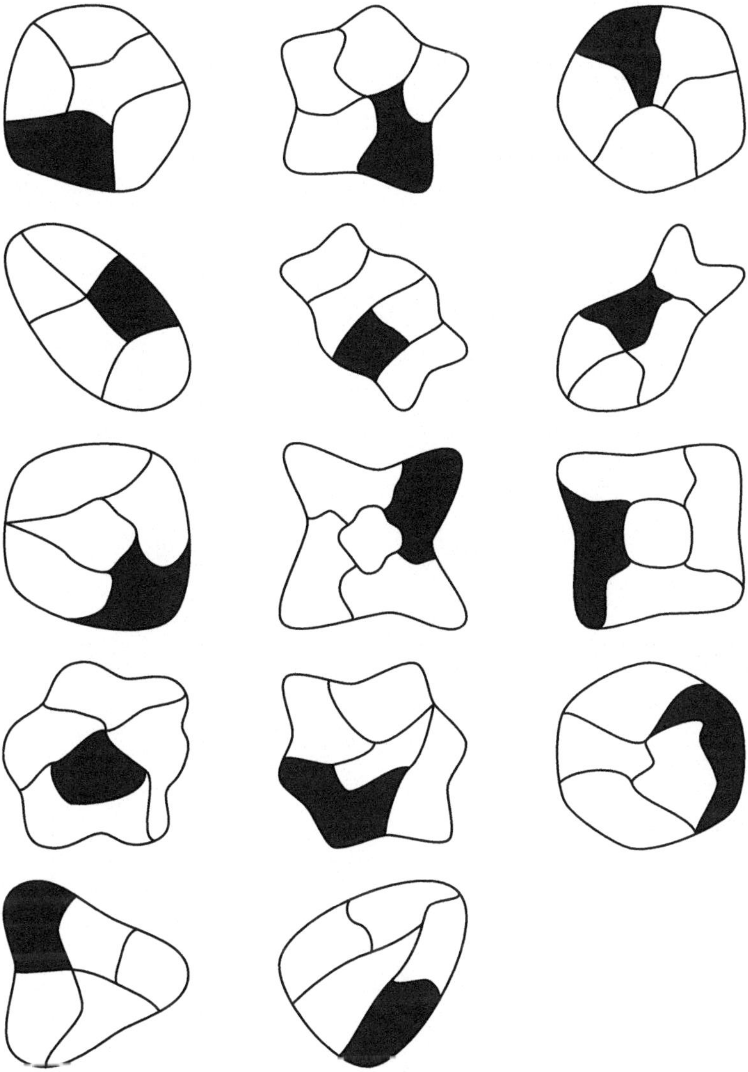

! *Hinweis*

Nachdem Sie sich die Figuren eingeprägt haben, sollten Sie sich 5 Minuten mit etwas anderem beschäftigen, ehe Sie mit der Bearbeitung beginnen.

Figuren merken

Bearbeitungszeit 5 Minuten

Soeben lagen Ihnen mehrere Flächenformen vor.

Bitte bearbeiten Sie nun die Aufgaben: Markieren Sie jeweils den Lösungsbuchstaben derjenigen Teilfläche, die im Original schwarz gefärbt war.

81)

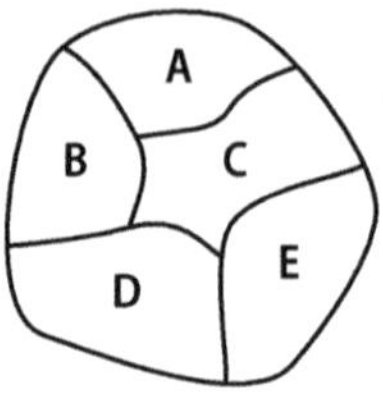

82)

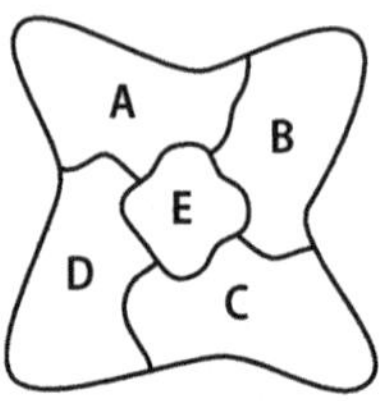

83)

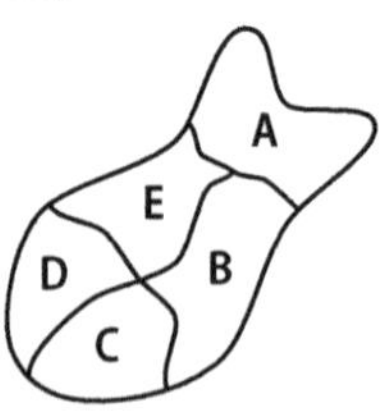

84)

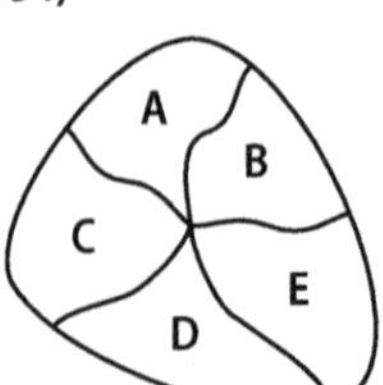

85)

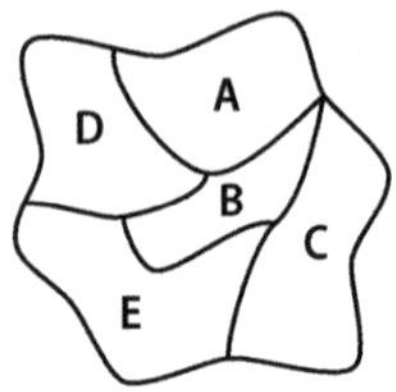

86)

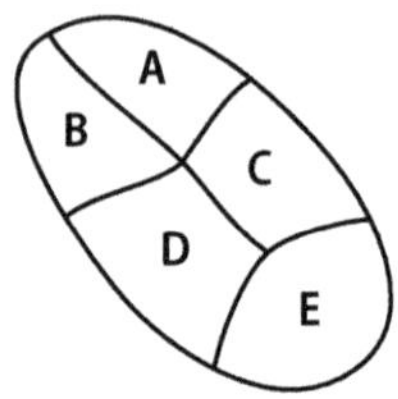

87)

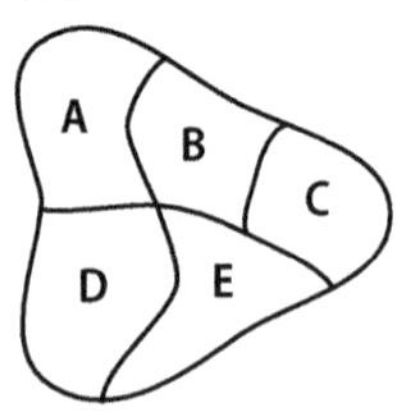

88)

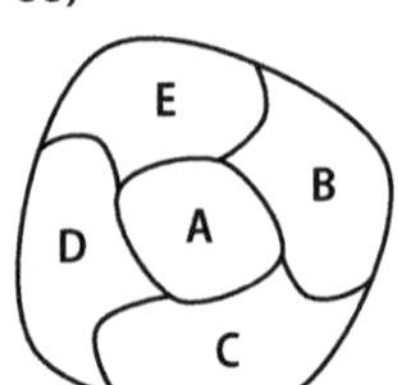

89)

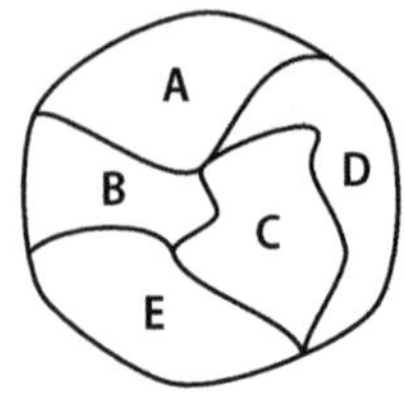

90)

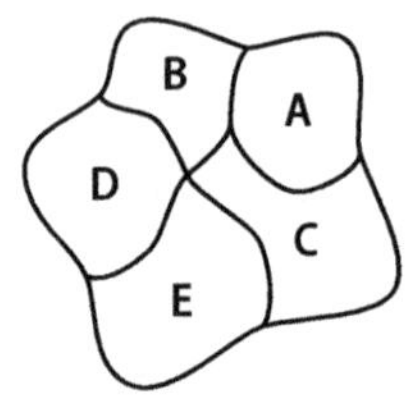

91)

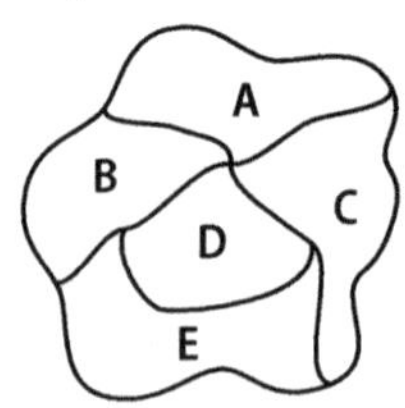

92)

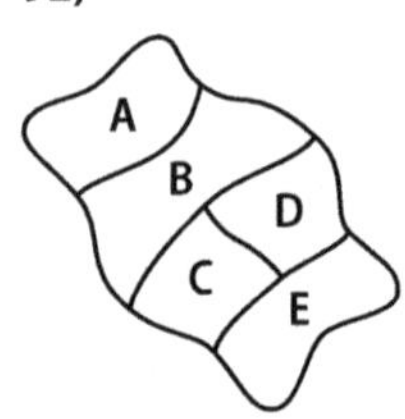

93)

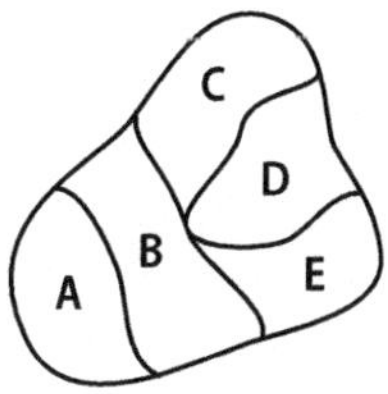

96)

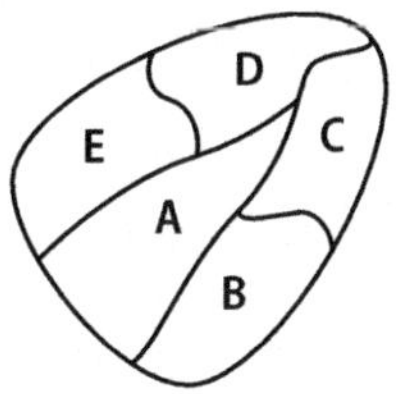

99)

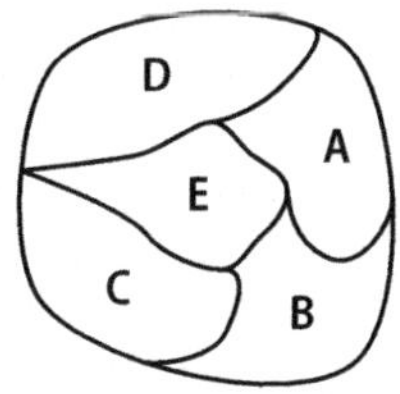

94)

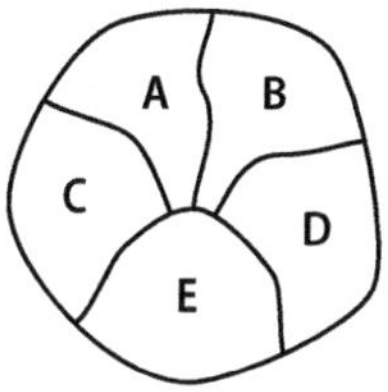

97)

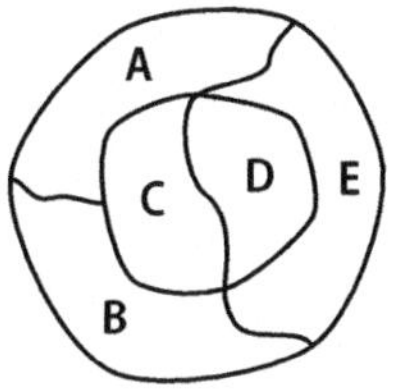

100)

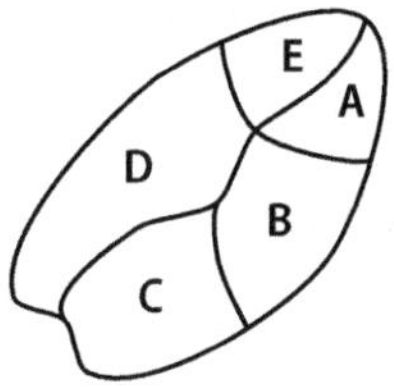

95)

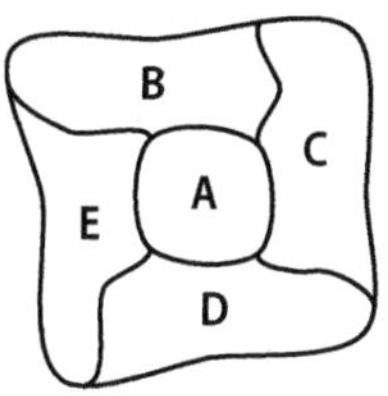

98)

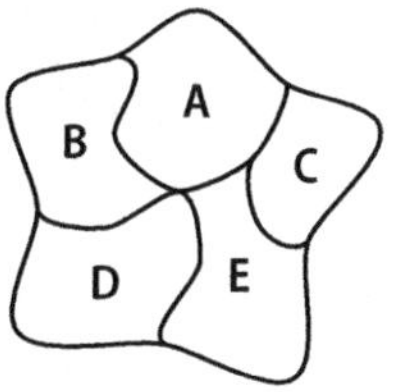

Rechnen mit Hindernis

Bearbeitungszeit 10 Minuten

Nun lösen Sie pro Aufgabe zwei einfache Rechnungen und führen anschließend – je nach Ergebnis – eine bestimmte Rechenoperation durch.

Ist das Ergebnis der oberen Rechenzeile größer als jenes der unteren Zeile, so muss das untere Teilergebnis vom oberen abgezogen werden. Andernfalls müssen beide Teilergebnisse addiert werden.

Die Aufgaben sind unter **Zeitdruck** zu lösen.

Hierzu ein Beispiel

Aufgabe

1) 5 + 5 – 1
2 + 2 – 3
=

Aufgabe

2) 2 + 2 – 3
5 + 5 – 1
=

Antwort

1) = 8

5 + 5 – 1 = 9 (größeres Ergebnis)

2 + 2 – 3 = 1 (kleineres Ergebnis)

9 – 1 = 8 (größeres Ergebnis – kleineres Ergebnis)

Antwort

2) = 10

2 + 2 – 3 = 1 (kleineres Ergebnis)

5 + 5 – 1 = 9 (größeres Ergebnis)

9 + 1 = 10 (größeres Ergebnis + kleineres Ergebnis)

Beginnen Sie bitte jetzt mit den Aufgaben: Berechnen Sie jeweils die richtige Lösung. Sie haben dafür **10 Minuten** Zeit.

101) 17 – 18 + 19
6 – 17 + 12
=

102) 14 – 19 + 16
12 – 16 + 9
=

103) 16 – 29 + 27
24 + 6 – 22
=

104) 25 – 17 + 8
21 – 29 + 14
=

105) 7 + 4 – 3
14 + 8 – 2
=

106) 9 + 11 – 7
18 + 7 – 4
=

107) 17 + 9 – 12
11 – 4 + 21
=

108) 14 + 17 – 20
18 + 14 – 17
=

109) 22 + 17 + 15
24 + 9 – 17
=

110) 15 – 22 – 3
19 – 24 – 16
=

111) 21 + 15 – 19
18 + 11 – 6
=

112) 15 + 19 + 12
18 + 21 + 19
=

113) 4 + 18 + 7
15 + 12 + 7
=

114) 11 + 14 – 9
18 – 16 + 9
=

115) 12 – 18 + 6
14 + 9 – 14
=

116) 18 – 23 + 19
16 + 12 + 3
=

117) 16 – 19 – 6
14 – 18 + 11
=

118) 14 – 8 – 7
15 – 18 + 2
=

119) 14 + 6 – 28
18 + 14 – 9
=

120) 1 – 17 + 4
3 – 21 + 3
=

121) 15 + 18 – 3
12 + 8 – 5
=

122) 12 + 17 – 7
11 + 14 – 5
=

123) 16 + 13 – 9
14 + 3 – 2
=

124) 22 + 17 – 19
15 + 19 – 14
=

125) 17 + 13 – 16
14 + 17 – 9
=

126) 14 + 18 + 17
15 + 14 + 7
=

127) 18 + 17 – 6
8 + 19 – 9
=

128) 15 + 7 – 11
6 + 9 – 19
=

129) 24 + 17 – 21
17 + 21 – 28
=

130) 23 + 19 – 12
14 + 17 – 9
=

131) 18 + 16 + 8
14 + 13 – 7
=

132) 16 + 26 – 12
11 + 4 + 7
=

133) 21 + 14 – 3
16 + 15 – 9
=

134) 14 + 16 – 6
11 + 6 – 3
=

135) 28 + 19 – 7
14 + 13 + 8
=

136) 24 + 18 – 8
12 + 11 + 8
=

137) 17 + 13 + 9
12 + 2 + 8
=

138) 22 + 3 + 15
14 + 7 – 5
=

139) 18 + 9 + 6
14 + 12 + 3
=

140) 21 + 8 + 6
15 + 6 + 3
=

Schlüssel finden

Bearbeitungszeit 5 Minuten

Die abgebildeten Schlüssel haben unterschiedlich viele Zacken. Bitte markieren Sie alle Schlüssel mit genau einem oder zwei Zacken. Wie lang die Zacken sind – und ob sie eher spitz oder breit zulaufen – spielt keine Rolle.

Hierzu ein Beispiel

Aufgabe

1) 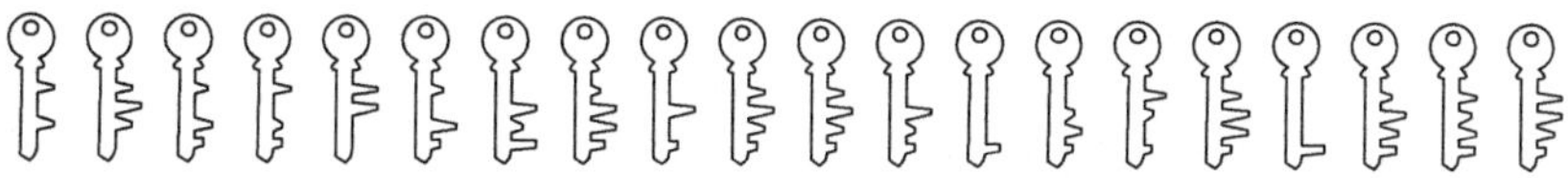

Antwort

1) 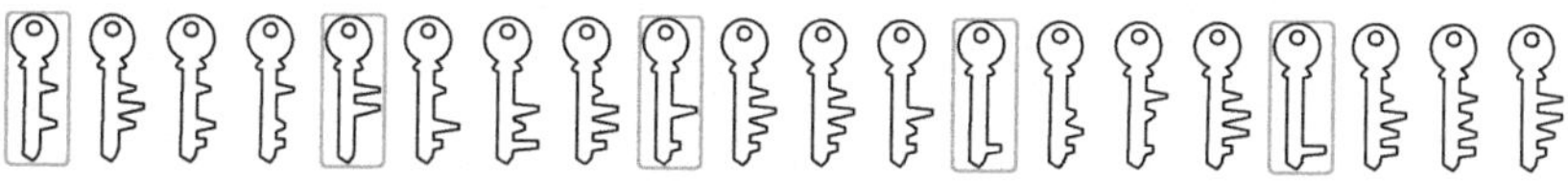

Bitte beginnen Sie nun mit der Bearbeitung: Markieren Sie die gesuchten Schlüssel.

141) 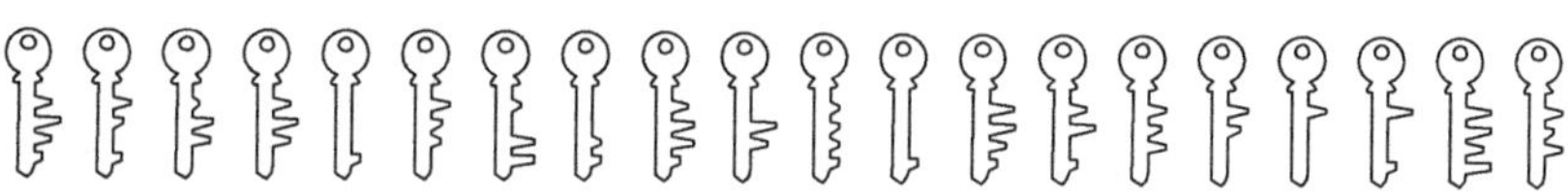

142) 

143) 

144) 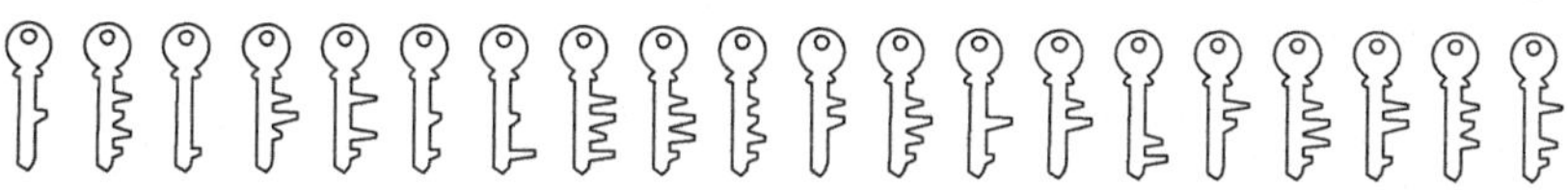

145) 

146) 

147) 

148) 

149) 

150) 

151) 

152) 

153) 

154) 

155) 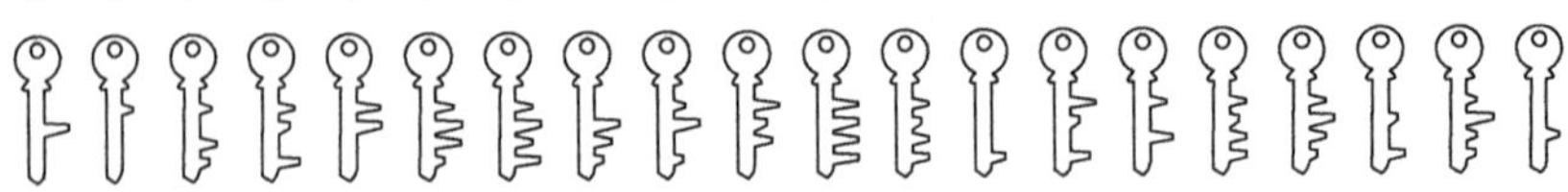

156) 

157) 

158) 

159) 

160) 

161) 

162) 

163) 

164) 

165) 

166) 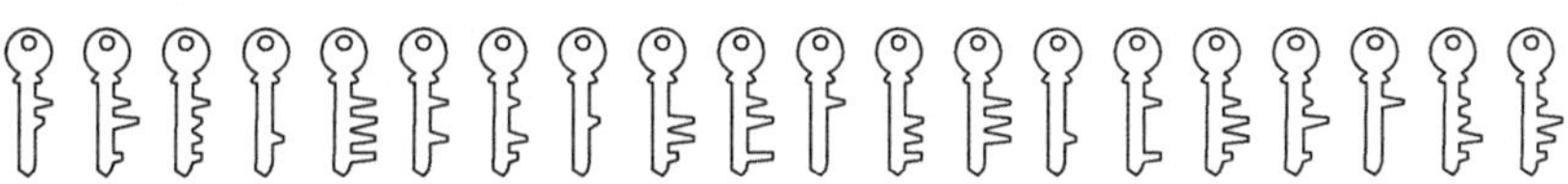

167) 

168) 

169) 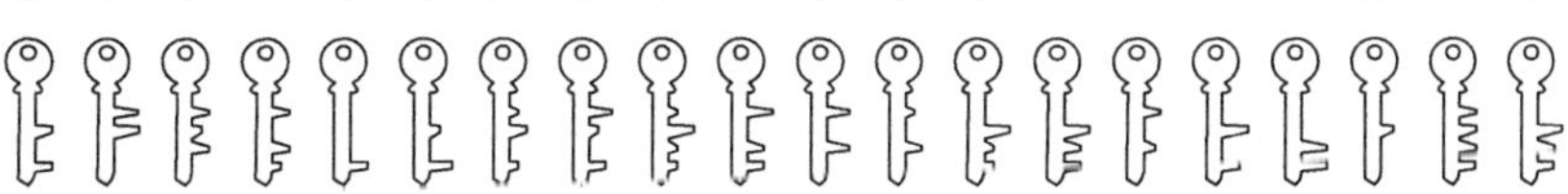

170) 

Symbole zuordnen

Einprägezeit 1 Minute

Jeder Zahl ist ein Symbol zugeordnet – prägen Sie sich diese Paare bitte gut ein.

Anschließend erhalten Sie eine Zahlenreihe, bei der Sie die zugehörigen Symbole Stelle für Stelle ergänzen sollen.

Hierzu ein Beispiel

Zuordnungstabelle

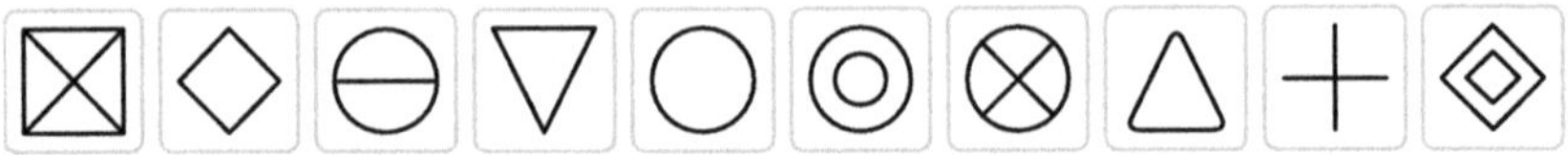

0 1 2 3 4 5 6 7 8 9

Aufgabe

1)

5 3 7 8 1 6

Antwort

1)

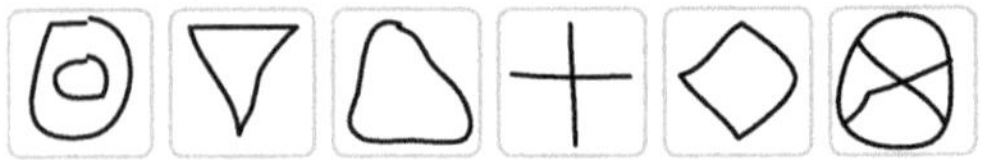

5 3 7 8 1 6

Skizzieren Sie die Symbole bitte nacheinander von links nach rechts und Reihe für Reihe. Ein Hin- und Herspringen zwischen einzelnen Feldern und Aufgaben – beispielsweise, um überall zuerst sämtliche 2er-Symbole einzuzeichnen – ist nicht erlaubt.

Hier nun die Zuordnungstabelle:

Bitte prägen Sie sich gut ein, welches Symbol für welche Zahl steht. Sie haben dafür **1 Minute** Zeit. Hierbei dürfen Sie sich keine Notizen machen.

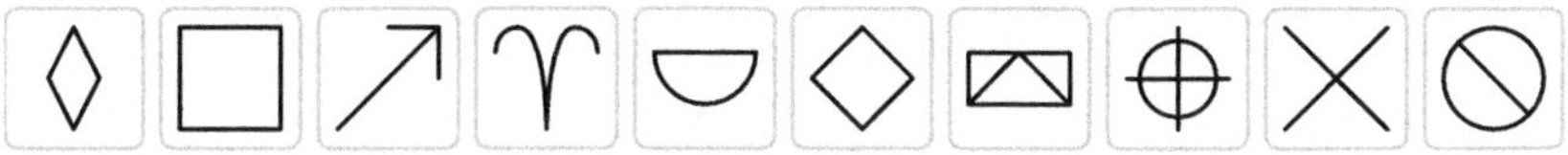

0 1 2 3 4 5 6 7 8 9

! *Hinweis*

Nachdem Sie sich die Zahl/Symbol-Paare eingeprägt haben, sollten Sie sich 5 Minuten mit etwas anderem beschäftigen, bevor Sie die dazugehörigen Fragen aus dem Gedächtnis beantworten!

Symbole zuordnen

Bearbeitungszeit 2 Minuten

Soeben lag Ihnen eine Tabelle mit Zahlen und Symbolen vor.

Bitte skizzieren Sie nun – Stelle für Stelle, von links nach rechts – über jeder Zahl das zugehörige Symbol. Sobald Sie eine Reihe gefüllt haben, decken Sie diese bitte mit einem Blatt Papier ab.

171)

7	4	8	1	3	5	0	2	6	9

172)

4	5	2	0	6	8	1	9	7	3

173)

5	7	3	2	1	4	9	6	0	8

174)

2	0	1	9	3	5	7	4	8	6

175)

8	9	4	6	2	1	3	0	5	7

Zahlen wiedererkennen

Einprägezeit 2 Minuten

Prägen Sie sich die folgenden Zahlen gut ein, damit Sie sie anschließend in einer umfangreichen Zahlentabelle wiederfinden können.

Zum Einprägen haben Sie **2 Minuten** Zeit. Hierbei dürfen Sie sich keine Notizen machen.

2254	3636	7474	8596	4578
3658	2518	9517	7856	1188
5899	8451	6971	6181	2211
6403	4560	5589	8080	9393

! ***Hinweis***

Bei dieser Aufgabe ist keine Unterbrechung notwendig, bitte beginnen Sie direkt mit der Bearbeitung!

Zahlen wiedererkennen *Bearbeitungszeit 4 Minuten*

Soeben lag Ihnen eine Zahlentabelle vor, die Sie sich einprägen sollten.

Markieren Sie bitte alle Zahlen, die Sie aus der Tabelle kennen.

176)

2584	1847	8794	8596	5874	5731
8742	6403	8998	1148	3358	8447
3636	2358	2254	4056	9494	3658
2136	7850	8887	7474	9991	9517
8387	7856	9192	6485	5589	6698
4567	8945	4578	7894	5623	1235
2518	4589	3698	1188	6181	5823
7890	2345	2211	3456	4560	4567
8080	1597	7779	6971	8451	7123
5899	4445	4004	9393	9001	9111

Lösungen: Konzentration und Merkfähigkeit

1) 2	31) 5	61) 1
2) 4	32) 3	62) 1
3) 3	33) 1	63) 2
4) 3	34) 1	64) 1
5) 4	35) 3	65) 1
6) 3	36) 3	66) 1
7) 3	37) 3	67) 1
8) 3	38) 3	68) 1
9) 1	39) 1	69) 5
10) 3	40) 2	70) 1
11) 3	41) 2	71) 1
12) 4	42) 3	72) 1
13) 3	43) 2	73) 2
14) 5	44) 3	74) 2
15) 4	45) 2	75) 1
16) 5	46) 3	76) 3
17) 5	47) 2	77) 3
18) 2	48) 3	78) 2
19) 1	49) 1	79) 1
20) 1	50) 2	80) 2
21) 5	51) 2	81) D
22) 3	52) 3	82) B
23) 4	53) 2	83) E
24) 1	54) 2	84) C
25) 5	55) 1	85) E
26) 5	56) 1	86) C
27) 2	57) 1	87) A
28) 4	58) 1	88) B
29) 3	59) 1	89) D
30) 4	60) 1	90) A

91) D
92) C
93) C
94) A
95) E
96) B
97) A
98) E
99) B
100) D
101) 17
102) 6
103) 6
104) 10
105) 28
106) 34
107) 42
108) 26
109) 38
110) 11
111) 40
112) 104
113) 63
114) 5
115) 9
116) 45
117) –2
118) –2
119) 15
120) 3
121) 15
122) 2
123) 5
124) 40
125) 36
126) 13
127) 11
128) 15
129) 10
130) 8
131) 22
132) 8
133) 10
134) 10
135) 5
136) 3
137) 17
138) 24
139) 4
140) 11
141) 7
142) 5
143) 10
144) 9
145) 9
146) 11
147) 9
148) 14
149) 6
150) 8
151) 8
152) 7
153) 9
154) 8
155) 7
156) 7
157) 5
158) 6
159) 8
160) 6
161) 7
162) 8
163) 7
164) 8
165) 6
166) 8
167) 7
168) 9
169) 10
170) 5
171)
172)
173) siehe Erklärung
174)
175)
176) siehe Erklärung

„n/m"-Test (Aufgaben 1–40)

Zu 1)	m	m	m	*n*	m	m	*n*	m	m	m	m	m	m	m	m	m	m	m	m	m	*2*
Zu 2)	m	m	*n*	*n*	m	m	*n*	*n*	m	m	m	m	m	m	m	m	m	m	m	m	*4*
Zu 3)	m	m	m	m	m	m	m	*n*	m	*n*	m	*n*	m	m	m	m	m	m	m	m	*3*
Zu 4)	m	m	m	m	m	m	m	m	m	m	m	*n*	*n*	*n*	m	m	m	m	m	m	*3*
Zu 5)	m	m	m	m	m	m	m	m	m	m	m	m	m	m	*n*	*n*	m	*n*	m	*n*	*4*
Zu 6)	m	m	m	m	m	m	m	m	m	m	*n*	m	m	m	m	*n*	m	*n*	m	m	*3*
Zu 7)	m	m	m	m	m	m	m	m	*n*	m	*n*	m	*n*	m	m	m	m	m	m	m	*3*
Zu 8)	m	m	m	m	m	m	*n*	m	m	*n*	m	m	m	*n*	m	m	m	m	m	m	*3*
Zu 9)	m	*n*	m	m	m	m	m	m	m	m	m	m	m	m	m	m	m	m	m	m	*1*
Zu 10)	m	*n*	m	*n*	m	*n*	m	m	m	m	m	m	m	m	m	m	m	m	m	m	*3*
Zu 11)	m	m	m	m	m	*n*	m	*n*	m	*n*	m	m	m	m	m	m	m	m	m	m	*3*
Zu 12)	m	m	m	m	m	m	m	m	m	*n*	m	m	*n*	*n*	*n*	m	m	m	m	m	*4*
Zu 13)	m	m	m	m	m	m	m	m	m	m	m	m	m	m	m	*n*	*n*	m	*n*	m	*3*
Zu 14)	*n*	m	*n*	*n*	*n*	*n*	m	m	m	m	m	m	m	m	m	m	m	m	m	m	*5*
Zu 15)	m	*n*	*n*	m	m	*n*	*n*	m	m	m	m	m	m	m	m	m	m	m	m	m	*4*
Zu 16)	m	m	m	*n*	*n*	m	*n*	*n*	*n*	m	m	m	m	m	m	m	m	m	m	m	*5*
Zu 17)	*n*	*n*	*n*	m	*n*	m	*n*	m	m	m	m	m	m	m	m	m	m	m	m	m	*5*
Zu 18)	m	*n*	m	m	*n*	m	m	m	m	m	m	m	m	m	m	m	m	m	m	m	*2*
Zu 19)	m	m	*n*	m	m	m	m	m	m	m	m	m	m	m	m	m	m	m	m	m	*1*
Zu 20)	m	m	*n*	m	m	m	m	m	m	m	m	m	m	m	m	m	m	m	m	m	*1*
Zu 21)	m	m	*n*	m	m	*n*	m	m	*n*	m	m	*n*	m	m	m	*n*	m	m	m	m	*5*
Zu 22)	m	m	m	m	m	m	*n*	m	m	*n*	m	m	m	*n*	m	m	m	m	m	m	*3*
Zu 23)	m	m	m	*n*	m	m	m	m	*n*	m	m	m	*n*	m	m	*n*	m	m	m	m	*4*
Zu 24)	m	m	m	m	m	*n*	m	m	m	m	m	m	m	m	m	m	m	m	m	m	*1*
Zu 25)	m	m	*n*	m	m	*n*	m	m	*n*	m	m	m	*n*	m	m	m	m	*n*	m	m	*5*
Zu 26)	m	m	m	m	m	m	m	m	m	m	*n*	m	*n*	m	*n*	*n*	m	*n*	m	m	*5*

Zu 27)	m	m	m	*n*	m	*n*	m	m	m	m	m	m	m	m	m	m	m	m	m	m	*2*
Zu 28)	m	m	m	m	m	*n*	m	*n*	m	*n*	*n*	m	m	m	m	m	m	m	m	m	*4*
Zu 29)	m	m	*n*	*n*	m	*n*	m	m	m	m	m	m	m	m	m	m	m	m	m	m	*3*
Zu 30)	m	m	m	m	*n*	m	m	*n*	m	m	*n*	m	*n*	m	m	m	m	m	m	m	*4*
Zu 31)	m	m	m	m	m	m	m	m	m	m	m	m	m	*n*	m	*n*	m	*n*	*n*	*n*	*5*
Zu 32)	m	m	m	m	m	m	m	m	m	m	m	m	*n*	m	m	*n*	m	m	*n*	m	*3*
Zu 33)	m	m	m	m	m	m	m	m	m	*n*	m	m	m	m	m	m	m	m	m	m	*1*
Zu 34)	m	m	m	m	m	m	m	m	m	*n*	m	m	m	m	m	m	m	m	m	m	*1*
Zu 35)	m	m	m	m	m	m	m	m	m	m	m	m	*n*	*n*	m	m	*n*	m	m	m	*3*
Zu 36)	m	m	m	m	*n*	m	m	m	m	*n*	m	m	m	m	m	*n*	m	m	m	m	*3*
Zu 37)	m	m	*n*	m	*n*	m	*n*	m	m	m	m	m	m	m	m	m	m	m	m	m	*3*
Zu 38)	m	m	m	m	m	m	*n*	m	*n*	m	*n*	m	m	m	m	m	m	m	m	m	*3*
Zu 39)	m	m	m	m	m	m	m	m	m	m	*n*	m	m	m	m	m	m	m	m	m	*1*
Zu 40)	m	m	m	m	m	m	m	*n*	m	*n*	m	m	m	m	m	m	m	m	m	m	*2*

Buchstabenfolgen finden (Aufgaben 41–80)

Zu 41)	D	F	E	*G*	*H*	*I*	M	V	D	S	H	P	J	U	Z	H	O	*I*	*J*	*K*	*2*
Zu 42)	*A*	*B*	*C*	F	H	R	H	Z	G	*G*	*H*	*I*	N	V	M	S	A	*D*	*E*	*F*	*3*
Zu 43)	C	F	R	S	G	*U*	*V*	*W*	J	O	U	*U*	*V*	*W*	T	E	Z	H	Z	K	*2*
Zu 44)	*O*	*P*	*Q*	F	R	H	T	Z	J	*G*	*H*	*I*	B	V	C	*X*	*Y*	*Z*	A	B	*3*
Zu 45)	*D*	*E*	*F*	A	E	G	Q	G	B	Z	R	J	H	*K*	*L*	*M*	O	I	P	K	*2*
Zu 46)	F	A	E	*Q*	*R*	*S*	C	V	G	R	Z	T	*W*	*X*	*Y*	A	*W*	*X*	*Y*	S	*3*
Zu 47)	W	Q	E	D	F	R	W	H	Z	T	*J*	*K*	*L*	P	I	G	*P*	*Q*	*R*	W	*2*
Zu 48)	*Q*	*R*	*S*	A	G	T	R	K	U	T	*O*	*P*	*Q*	S	W	X	V	*F*	*G*	*H*	*3*
Zu 49)	F	R	E	H	G	Z	R	U	P	U	*P*	*Q*	*R*	D	R	G	T	Z	U	P	*1*
Zu 50)	N	K	L	O	U	I	T	F	*T*	*U*	*V*	F	R	D	R	V	G	*T*	*U*	*V*	*2*
Zu 51)	S	D	W	R	T	D	S	W	*C*	*D*	*E*	G	H	R	W	*S*	*T*	*U*	K	L	*2*

Zu 52)	R	H	R	U	L	J	U	I	***P***	***Q***	***R***	T	U	***I***	***J***	***K***	***O***	***P***	***Q***	E	***3***
Zu 53)	Q	W	E	R	Z	U	I	O	***L***	***M***	***N***	E	R	T	G	***D***	***E***	***F***	Q	W	***2***
Zu 54)	R	T	G	J	I	O	L	***K***	***L***	***M***	L	O	P	I	G	A	L	***I***	***J***	***K***	***2***
Zu 55)	F	A	B	I	L	O	T	I	S	A	L	***E***	***F***	***G***	A	S	I	T	O	L	***1***
Zu 56)	E	R	T	I	C	A	N	***I***	***J***	***K***	R	A	S	E	D	A	A	L	D	I	***1***
Zu 57)	H	E	L	I	W	I	U	O	***W***	***X***	***Y***	A	R	A	D	A	R	A	T	O	***1***
Zu 58)	S	E	I	G	N	U	N	G	S	T	E	S	T	F	U	R	A	***X***	***Y***	***Z***	***1***
Zu 59)	E	I	N	S	T	E	L	L	U	N	G	S	T	E	S	T	***D***	***E***	***F***	A	***1***
Zu 60)	P	R	U	E	F	U	N	G	S	F	R	A	G	E	***N***	***O***	***P***	A	Z	B	***1***
Zu 61)	***B***	***C***	***D***	F	E	R	I	E	N	M	A	C	H	T	S	P	A	S	S	I	***1***
Zu 62)	D	A	B	E	I	S	E	I	N	I	***S***	***T***	***U***	N	D	B	L	E	I	B	***1***
Zu 63)	G	U	T	E	N	T	A	***G***	***H***	***I***	S	T	H	I	E	R	E	***I***	***J***	***K***	***2***
Zu 64)	D	A	S	I	S	T	***A***	***B***	***C***	G	A	N	Z	S	C	H	O	E	N	I	***1***
Zu 65)	G	A	S	T	Z	U	S	E	I	N	I	***S***	***T***	***U***	R	A	T	E	N	A	***1***
Zu 66)	K	I	L	O	G	R	S	A	T	U	R	N	E	L	***E***	***F***	***G***	Z	I	P	***1***
Zu 67)	L	A	C	H	E	N	M	A	C	H	T	G	U	***T***	***U***	***V***	T	Q	A	T	***1***
Zu 68)	J	A	D	A	S	M	A	C	H	T	W	I	R	K	L	I	C	***H***	***I***	***J***	***1***
Zu 69)	***D***	***E***	***F***	A	***D***	***E***	***F***	H	W	***K***	***L***	***M***	G	T	***S***	***T***	***U***	***A***	***B***	***C***	***5***
Zu 70)	G	U	T	E	U	E	B	U	N	G	Z	U	***D***	***E***	***F***	T	E	S	T	E	***1***
Zu 71)	B	A	L	L	S	P	I	E	L	E	N	M	A	C	H	***S***	***T***	***U***	S	A	***1***
Zu 72)	D	A	M	I	T	K	E	I	N	E	R	A	U	S	D	***E***	***F***	***G***	A	Q	***1***
Zu 73)	F	F	D	E	H	G	***F***	***G***	***H***	D	E	***J***	***K***	***L***	D	K	Z	T	L	O	***2***
Zu 74)	A	R	H	K	O	D	T	***H***	***I***	***J***	D	W	Q	J	O	Z	***D***	***E***	***F***	W	***2***
Zu 75)	R	T	U	W	⊦	H	J	O	R	***M***	***N***	***O***	D	J	O	R	T	S	Q	W	***1***
Zu 76)	A	***D***	***E***	***F***	D	G	U	***O***	***P***	***Q***	F	H	W	U	L	***F***	***G***	***H***	Q	W	***3***
Zu 77)	G	R	W	E	R	T	U	B	***P***	***Q***	***R***	A	B	***R***	***S***	***T***	Q	***A***	***B***	***C***	***3***
Zu 78)	B	A	N	A	B	A	K	S	A	N	A	K	I	Z	***A***	***B***	***C***	***R***	***S***	***T***	***2***

Zu 79)	B	E	N	I	S	E	V	I	Y	O	R	M	U	S	U	***N***	***O***	***P***	S	T	***1***
Zu 80)	S	T	R	A	S	S	E	N	S	I	N	***D***	***E***	***F***	R	Z	***T***	***U***	***V***	S	***2***

Figuren merken (Aufgaben 81–100)

Zu 81) D.
Zu 82) B.
Zu 83) E.
Zu 84) C.
Zu 85) E.
Zu 86) C.
Zu 87) A.
Zu 88) B.
Zu 89) D.
Zu 90) A.
Zu 91) D.
Zu 92) C.
Zu 93) C.
Zu 94) A.
Zu 95) E.
Zu 96) B.
Zu 97) A.
Zu 98) E.
Zu 99) B.
Zu 100) D.

Rechnen mit Hindernis (Aufgaben 101–140)

Zu 101) 18 − 1 = ***17***

Zu 102) 11 − 5 = ***6***

Zu 103) 14 − 8 = ***6***

Zu 104) 16 − 6 = ***10***

Zu 105) 8 + 20 = ***28***

Zu 106) 13 + 21 = ***34***

Zu 107) 14 + 28 = ***42***

Zu 108) 11 + 15 = ***26***

Zu 109) 54 − 16 = ***38***

Zu 110) −10 − (−21) = ***11***

Zu 111) 17 + 23 = ***40***

Zu 112) 46 + 58 = ***104***

Zu 113) 29 + 34 = ***63***

Zu 114) 16 − 11 = ***5***

Zu 115) 0 + 9 = ***9***

Zu 116) 14 + 31 = ***45***

Zu 117) −9 + 7 = ***−2***

Zu 118) −1 + (−1) = ***−2***

Zu 119) −8 + 23 = ***15***

Zu 120) −12 − (−15) = ***3***

Zu 121) 30 − 15 = ***15***

Zu 122) 22 − 20 = ***2***

Zu 123) 20 − 15 = ***5***

Zu 124) 20 + 20 = ***40***

Zu 125) 14 + 22 = ***36***

Zu 126) 49 − 36 = ***13***

Zu 127) 29 − 18 = ***11***

Zu 128) 11 − (−4) = ***15***

Zu 129) 20 − 10 = ***10***

Zu 130) 30 − 22 = ***8***

Zu 131) 42 − 20 = ***22***

Zu 132) 30 − 22 = ***8***

Zu 133) 32 − 22 = ***10***

Zu 134) 24 − 14 = ***10***

Zu 135) 40 − 35 = ***5***

Zu 136) 34 − 31 = ***3***

Zu 137) 39 − 22 = ***17***

Zu 138) 40 − 16 = ***24***

Zu 139) 33 − 29 = ***4***

Zu 140) 35 − 24 = ***11***

Schlüssel finden (Aufgaben 141–170)

Zu 141)

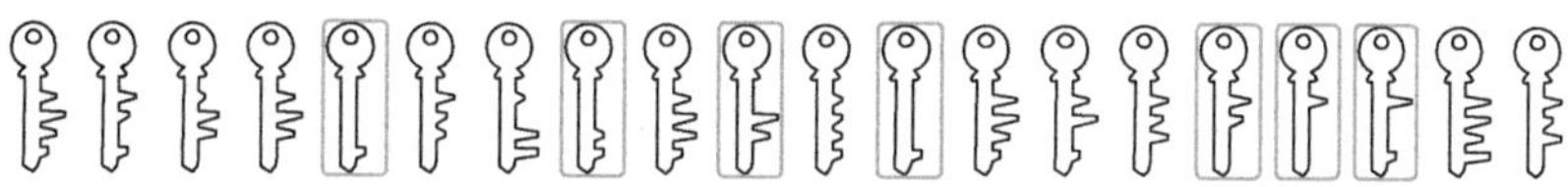

Zu 142)

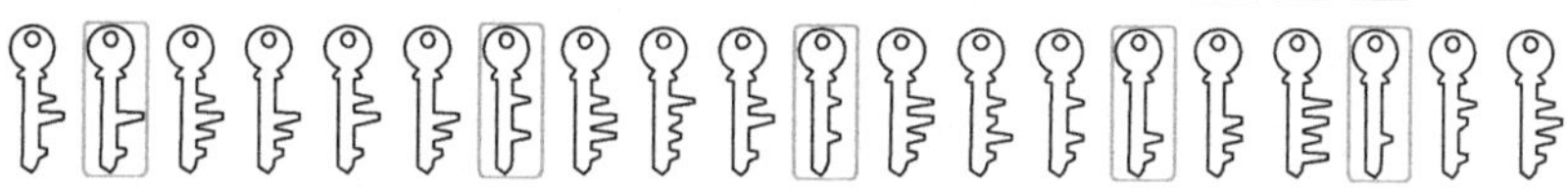

Zu 143)

Zu 144)

Zu 145)

Zu 146)

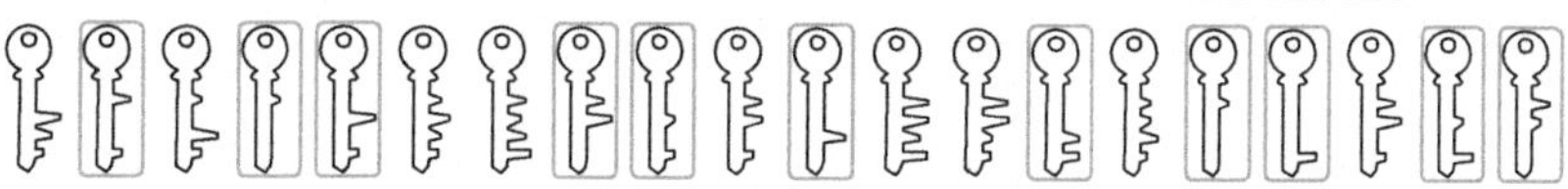

Zu 147)

Zu 148)

Zu 149)

Zu 150)

Zu 151)

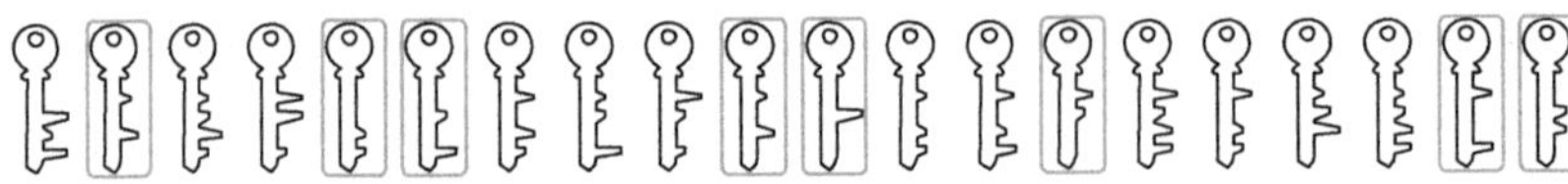

Zu 152)

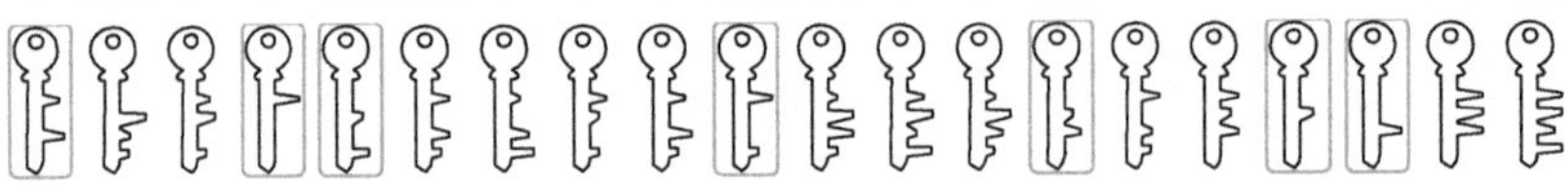

Zu 153)

Zu 154)

Zu 155)

Zu 156)

Zu 157)

Zu 158)

Zu 159)

Zu 160)

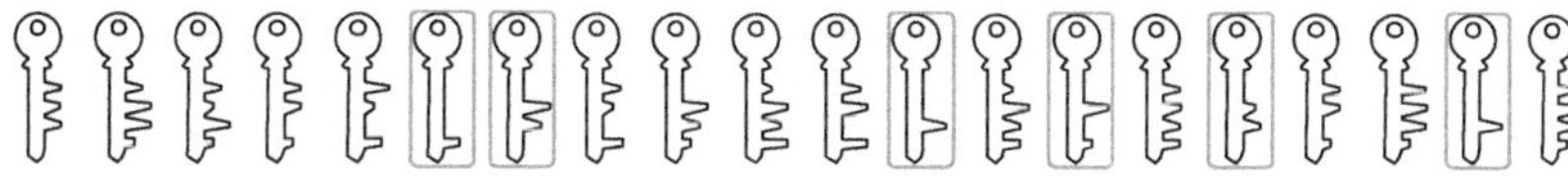

Zu 161)

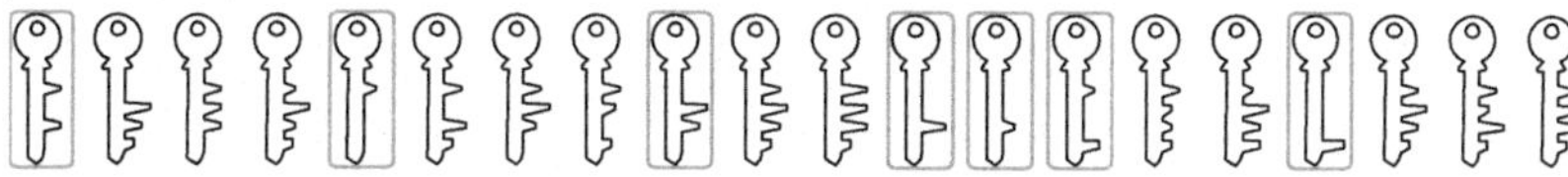

Zu 162)

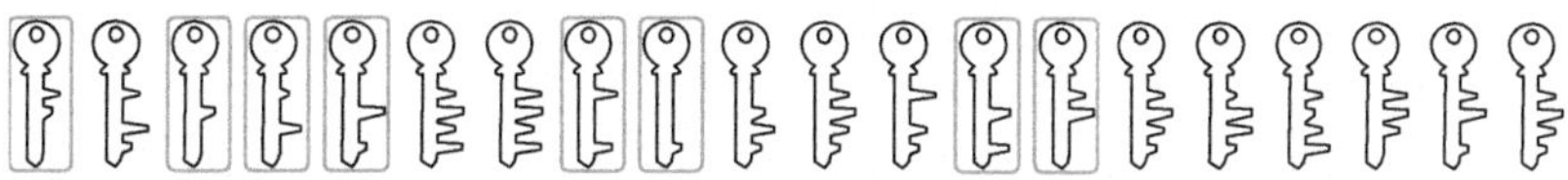

Zu 163)

Zu 164)

Zu 165)

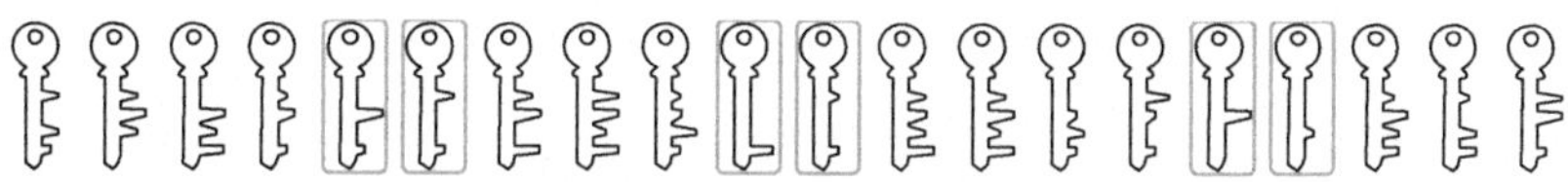

Zu 166)

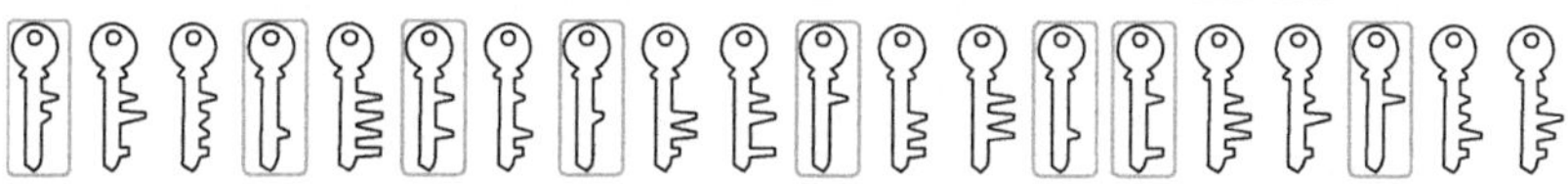

Zu 167)

Zu 168)

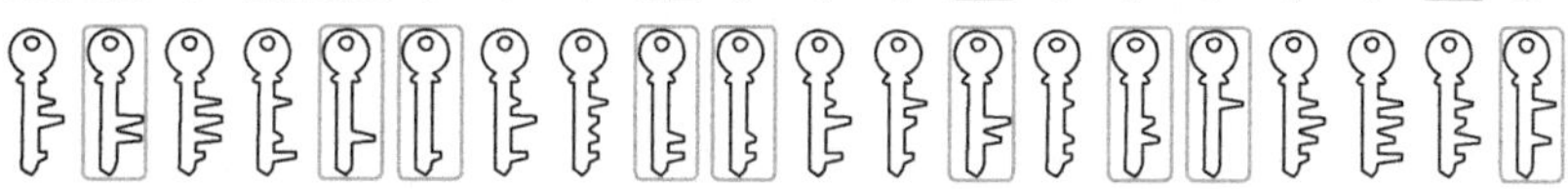

Zu 169)

Zu 170)

Symbole zuordnen (Aufgaben 171–175)

Zu 171)

7 4 8 1 3 5 0 2 6 9

Zu 172)

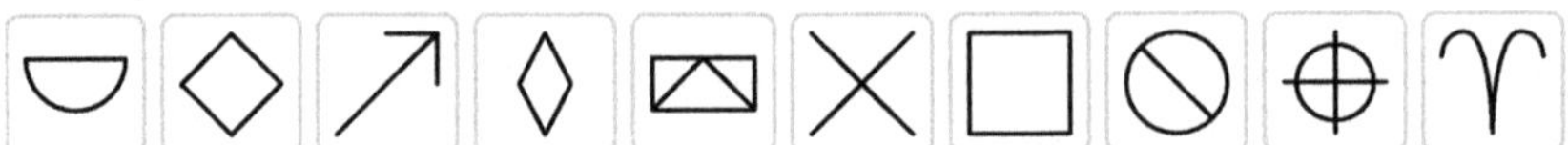

4 5 2 0 6 8 1 9 7 3

Zu 173)

5 7 3 2 1 4 9 6 0 8

Zu 174)

2 0 1 9 3 5 7 4 8 6

Zu 175)

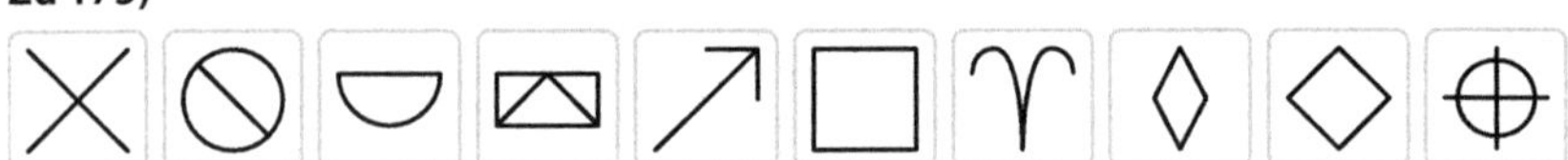

8 9 4 6 2 1 3 0 5 7

Zahlen wiedererkennen (Aufgabe 176)

2584	1847	8794	***8596***	5874	5731
8742	***6403***	8998	1148	3358	8447
3636	2358	***2254***	4056	9494	***3658***
2136	7850	8887	***7474***	9991	***9517***
8387	***7856***	9192	6485	***5589***	6698
4567	8945	***4578***	7894	5623	1235
2518	4589	3698	***1188***	***6181***	5823
7890	2345	***2211***	3456	***4560***	4567
8080	1597	7779	***6971***	***8451***	7123
5899	4445	4004	***9393***	9001	9111

Anhang

Tabelle: Maße und Einheiten

Einheit	Einheitenzeichen	Umrechnung
	Länge	
Kilometer	km	1 km = 1.000 m
Meter	m	1 m = 10 dm = 100 cm
Dezimeter	dm	1 dm = 10 cm = 100 mm
Zentimeter	cm	1 cm = 10 mm
Millimeter	mm	1 mm = 1.000 µm
Mikrometer	µm	
	Fläche	
Quadratkilometer	km^2	1 km^2 = 100 ha
Hektar	ha	1 ha = 100 a
Ar	a	1 a = 100 m^2
Quadratmeter	m^2	1 m^2 = 100 dm^2
Quadratdezimeter	dm^2	1 dm^2 = 100 cm^2
Quadratzentimeter	cm^2	1 cm^2 = 100 mm^2
Quadratmillimeter	mm^2	
	Volumen	
Kubikkilometer	km^3	1 km^3 = 1.000.000.000 m^3
Kubikmeter	m^3	1 m^3 = 1.000 dm^3
Kubikdezimeter	dm^3	1 dm^3 = 1.000 cm^3
Kubikzentimeter	cm^3	1 cm^3 = 1.000 mm^3
Kubikmillimeter	mm^3	

Hektoliter	hl	1 hl = 100 l
Liter	l	1 l = 10 dl
Deziliter	dl	1 dl = 10 cl
Zentiliter	cl	1 cl = 10 ml
Milliliter	ml	1 ml = 1.000 µl
Mikroliter	µl	
	Masse	
Tonne	t	1 t = 20 ztr = 1.000 kg
Zentner	ztr	1 ztr = 50 kg
Kilogramm	kg	1 kg = 1.000 g
Pfund	pf	1 pf = 500 g
Gramm	g	1 g = 1.000 mg
Milligramm	mg	1 mg = 1.000 µg
Mikrogramm	µg	
	Zeit	
Jahr	a	1 a = 365 d
Woche	w	1 w = 7 d
Tag	d	1 d = 24 h
Stunde	h	1 h = 60 min
Minute	min	1 min = 60 s
Sekunde	s	1 s = 1.000 ms
Millisekunden	ms	
	Geschwindigkeit	
Kilometer pro Stunde	km/h	1 km/h = 0,2778 m/s
Meter pro Sekunde	m/s	1 m/s = 3,6 km/h

Kraft

Newton	N	$1\,N = 1\,kg \times m / s^2$

Druck

Bar	bar	1 bar = 100.000 Pa
Pascal	Pa	1 Pa = 0,00001 bar

Temperatur

Grad Celsius	°C	$T_{Celsius} = T_{Kelvin} - 273{,}15$
Kelvin	K	$T_{Kelvin} = T_{Celsius} + 273{,}15$

Ausbildungspark Verlag GmbH

Bettinastraße 69 • 63067 Offenbach am Main
Tel. (069) 40 56 49 73 • Fax (069) 43 05 86 02
E-Mail: kontakt@ausbildungspark.com
Internet: www.ausbildungspark.com